Knigge

für Berufseinsteiger, Hochschulabsolventen und Azubis

Vera Reich

1. Auflage

HAUFE.

Inhalt

Vorwort

Wer »Knigge« oder »Benimmregeln« hört, denkt an das letzte Jahrtausend, in dem man noch knickste oder einen Diener machte. Doch auch wenn heutzutage niemand mehr Hände küsst, den Hut zieht, in die Knie geht oder sich verbeugt – die richtigen Umgangsformen sind heute so wichtig und so aktuell wie eh und je. In Schule, Ausbildung oder Studium lernen wir sie nicht. Leider, denn spätestens im ersten Job lauern tückische Benimm-Fettnäpfchen und Fallen, die man, wenn man nicht sensibilisiert ist für das Thema, noch nicht einmal registriert. Andere, so z. B. der Chef, die Kunden und die Kollegen, tun das sehr wohl. Und so kann sich das falsche Benehmen über kurz oder lang als Karrierebremse entpuppen.

Dieser TaschenGuide schafft Abhilfe. Er zeigt Ihnen ganz pragmatisch, wie Sie sich stilvoll durch den Berufsalltag bewegen. Er beantwortet Ihnen alle relevanten Fragen, die sich zur Business-Etikette stellen, so z. B.: Welches Thema eignet sich für den Small Talk – und welches nicht? Wer lässt wem den Vortritt? Wie verhält man sich bei Geschäftsessen? Was zieht man zu Business Events an? Zahlreiche Checklisten, viele Beispiele und ein ausführlicher Test am Ende des Buches machen es Ihnen leicht, die aktuellen Regeln des guten Tons zu verinnerlichen.

Viel Erfolg dabei wünscht Ihnen

Vera Reich

Im Gespräch punkten

Die meisten von uns verbringen den Großteil ihres Berufslebens damit, mit anderen zu reden – mit Kunden, Kollegen und Vorgesetzten. Dabei einen positiven Eindruck zu machen, ist gar nicht so schwer, wenn Sie ein paar Regeln beachten.

In diesem Kapitel erfahren Sie,

- wie Sie andere formvollendet begrüßen,
- wie Sie sich und andere vorstellen,
- warum der richtige Handschlag so wichtig ist,
- warum es ohne Small Talk nicht geht.

Die Begrüßung

Studien belegen es: Innerhalb von Sekunden entscheidet es sich, welchen Eindruck wir bei anderen hinterlassen, wenn wir sie das erste Mal sehen. Die Begrüßung, also das erste Hallo, mit dem wir uns bei anderen vorstellen, ist ein wesentlicher Faktor, wenn es darum geht, sich in einem guten Licht zu präsentieren. Die Begrüßung ist aber nicht nur wichtig, wenn es um den ersten Eindruck geht. Jeder Gruß fördert das Zusammengehörigkeitsgefühl und signalisiert anderen Offenheit und Ansprechbarkeit.

BEISPIEL

Thomas Müller ist neu im Unternehmen und fühlt sich noch dementsprechend unsicher. Er huscht über den Gang und vermeidet den Blickkontakt mit Kollegen, die ihm dort begegnen. Mark Meier ist ebenfalls ein neuer Kollege. Er geht offen auf die anderen Mitarbeiter zu und stellt sich ihnen mit den Worten vor: »Guten Tag, mein Name ist Mark Meier. Ich arbeite seit einer Woche in der Marketingabteilung als Assistent von Herrn Markgraf.«

Was meinen Sie: Wer von beiden hinterlässt wohl einen besseren Eindruck im Team?

Doch wie grüßt man andere formvollendet, denen man z. B. im Gang, im Treppenhaus, im Fahrstuhl, im Großraumbüro oder in Kantinen begegnet? Die folgende Übersicht enthält die Grundregeln für die richtige Begrüßung.

So begrüßt man sich im Unternehmen
In der Regel grüßt jeder jeden. Wer den anderen zuerst sieht, hält den Blickkontakt, bis der andere ihn bemerkt, und grüßt ihn dann als Erster.
In konservativen Unternehmen wird erwartet, dass die Mitarbeiter Vorgesetzte zuerst grüßen.
Kollegen, die miteinander sprechen, werden nur per Blickkontakt und mit einem Kopfnicken begrüßt, um sie nicht im Gespräch zu unterbrechen.
Wer einen Raum betritt, grüßt zuerst.
Wenn Sie jemanden am Tag das erste Mal sehen, sollten Sie ihn mit seinem Namen begrüßen.
In einem Meeting mit Externen, so z. B. Kunden, grüßen Sie alle Kollegen am besten noch einmal mit Namen, damit sich der Besucher diese einprägen kann. Nebeneffekt ist, dass der Geschäftspartner merkt, dass Sie im Team respektvoll miteinander umgehen.

Die richtige Wortwahl

Eine formvollendete Begrüßung folgt einem einfachen Schema, das sich gliedert in Tagesgruß, Anrede und Nachnamen.

Der Tagesgruß

Nur »Hallo« zu sagen, gilt in manchen Unternehmen als zu salopp und bietet sich vornehmlich an, wenn Sie mit Ihrem Gegenüber per Du sind. Auf der sicheren Seite sind Sie mit dem jeweiligen Tagesgruß, der sich richtet nach der Uhrzeit, zu der Sie dem anderen begegnen.

Tagesgruß	
Bis 9.00 Uhr	»Guten Morgen«
Bis 18.00 Uhr	»Guten Tag«
Ab 18.00 Uhr	»Guten Abend«

Das um die Mittagszeit noch hin und wieder zu hörende »Mahlzeit« gilt nach Knigge nicht als vornehmer Gruß. Begrüßt Sie jemand in dieser Weise, erwidern Sie es am besten mit einem »Hallo«.

Anrede und Namen

Nach dem Tagesgruß folgt die Anrede und der Nachname, wenn Sie den anderen siezen, bzw. der Vorname, wenn Sie mit Ihrem Gegenüber per Du sind.

- »Guten Tag, Herr Meier.«
- »Guten Morgen, Nikolas.«

Hat der andere einen Titel, sollten Sie diesen immer nennen, so z. B. »Guten Abend, Herr Dr. Markgraf«. Nur wenn Ihnen der andere von sich aus angeboten hat, den Titel wegzulassen, sollten Sie auf diese Formalie verzichten.

Wissen Sie den Namen des anderen, sollten Sie ihn auch nennen. In den meisten Unternehmen wird großen Wert darauf gelegt, dass man sich untereinander und die Besucher im Haus mit Namen grüßt. Wer sich den Namen anderer merkt, signalisiert ihnen, dass er sich an sie erinnert und sie als Person wahrgenommen hat. Das interpretieren die anderen als Wertschätzung für die eigene Person. Ganz nebenbei trainieren Sie so Ihr Langzeitgedächtnis.

Regionale Grüße

Das im Norden genutzte »Moin, moin« oder das südliche Grüß Gott und andere regionale Grüße sind nur zu empfehlen, wenn das Unternehmen nicht international agiert. Im Einzelhandel ist es durchaus erwünscht. Allerdings ist es aus religiösen Gründen unpassend, zu einem Inder, Japaner oder Araber »Grüß Gott« zu sagen.

In weiten Teilen Bayerns, Österreich und Ungarns ist Servus ein freundschaftlicher Gruß und gleichzeitig eine Verabschiedung. Verwenden Sie es, wenn überhaupt, nur privat, denn das lateinische »Servus« heißt übersetzt: »Ich bin dein Diener«, oder: »Zu Diensten«.

Achten Sie darauf, mit welchem Gruß in Ihrem Umfeld gegrüßt wird und verwenden Sie den gleichen Gruß zurück. Mit diesem sog. verbalen Spiegeln signalisieren Sie anderen in deren Unterbewusstsein, dass Sie ein Gleichgesinnter sind, der dazugehört und dem man vertrauen kann.

Ein Blick ins Ausland

In Österreich grüßt man im Berufsleben mit dem Titel oder Berufsstand ohne Nachnamen, z. B. mit: »Guten Morgen, Herr Ingenieur«.

In Italien wird Ciao nur unter sehr guten Bekannten, Freunden und Verwandten verwendet. Es gilt als unhöflich, es zu unbekannten und höhergestellten Personen zu sagen. Deshalb werden wir im italienischen Restaurant auch immer mit »Buongiorno« oder »Buonasera« begrüßt.

> Zum Jahresstart wünscht man sich im Vorbeigehen ein »Gutes neues Jahr«, oft sogar anstelle der Begrüßung. Dies sagt man jedoch nur zu bekannten Personen, nur bei der ersten Begegnung im neuen Jahr, nur in der ersten Woche des neuen Jahres oder nach den freien Tagen am ersten Arbeitstag, aber nicht mehr nach dem 10. Januar. Dann fragt man maximal noch so etwas wie: »Sind Sie gut ins neue Jahr gekommen?«

Sich und andere vorstellen

Oft beginnt der neue Job mit einer Vorstellungsrunde bei den Kollegen. Sie werden dann vom Chef oder von einem Mitarbeiter der Personalabteilung herumgeführt, der Sie vorstellt. Kommen Sie nicht in Genuss dieses Rituals, bleibt Ihnen nichts anderes übrig, als sich selbst vorzustellen. Das gilt sowohl gegenüber Kollegen als auch gegenüber Kunden. Es nicht zu tun, wird als unhöflich, unsicher, unkonzentriert und ungeschult gewertet. In der Unternehmenshierarchie höhergestellte Personen sowie Kunden haben das Recht, zuerst zu erfahren, wer der andere ist.

BEISPIEL

Der neue Entwickler Thomas Müller ist zu einem ersten Meeting eingeladen, bei dem einem Kunden, Markus Fischer, ein Konzept präsentiert werden soll. 10 Minuten vor Beginn der Sitzung sind alle eingeladenen Teilnehmer bereits anwesend. Der Kunde und Herr Müller sind sich noch nicht begegnet. Macht niemand, so z.B. der Chef des neuen Mitarbeiters, die beiden Herren miteinander bekannt, muss Thomas Müller selbst aktiv werden und seinen Namen und seine Position nennen: »Guten Tag, Herr Fischer, mein Name ist Thomas Müller. Ich werde in Zukunft als Entwickler für dieses Projekt Ihr erster Ansprechpartner sein.« Die Hand zum Handschlag reichen darf er dem Kunden allerdings nicht. Dies ist Aufgabe des Kunden, Herrn Fischer. Herr Müller kann jedoch signalisieren, dass er ihm gerne die Hand geben würde, indem er die rechte Hand auf Taillenhöhe nimmt, sie jedoch noch nicht ausstreckt.

Lernen von anderen: formvollendete Vorstellungen in Beispielen

Beispiel 1: Claudia Koch ist die neue Assistentin des Vorstands Dr. Maier. Sie begrüßt einen Lieferanten, Herrn Huber, und stellt sich ihm selbst vor, da Dr. Maier noch in einer Telefonkonferenz ist und deshalb erst später zum angesetzten Meeting dazustoßen wird:

- »Guten Tag, Herr Huber, mein Name ist Claudia Koch. (*Pause*) Ich bin die Assistentin von Herrn Dr. Maier. (*Pause*) Er wird etwas später kommen.«, oder:
- »Claudia Koch, guten Tag, Herr Huber (*Pause*), die Assistentin von Herrn Dr. Maier. (*Pause*) Herr Dr. Maier hat gleich Zeit für Sie. (*Pause*)«, oder:
- »Guten Tag, Herr Huber, ich bin Claudia Koch, (*Pause*) die Assistentin von Herrn Dr. Maier. (*Pause*) Hat man Ihnen bereits etwas zu trinken angeboten? (*Pause*)«

Beispiel 2: Als Assistentin ist es Claudia Kochs Aufgabe, ihren Chef dem Geschäftspartner vorzustellen:

- »Herr Dr. Maier, darf ich Ihnen Herrn Huber, den Geschäftsführer von Huber & Huber, unserem neuen Zulieferer von isolierten Abdeckungen, vorstellen?«
- »Herr Dr. Maier, das ist Herr Huber.«

Wenn mehrere bereits anwesende Personen vorgestellt werden, wird der Hochrangigste zuerst vorgestellt, die exakte Reihenfolge der Hierarchie wird dabei eingehalten. Das erleichtert dem neuen Geschäftspartner sich zu orientieren.

Machen Sie sich nicht selbst zum Zwerg, indem Sie bei der Eigenvorstellung den Artikel verwenden: »Ich bin *der* Thomas Huber.«

Der Handschlag

In der westlichen Welt ist der Handschlag eine freundliche Geste, die ausdrückt, dass man sich auf eine Kommunikation mit dem anderen einlassen möchte. Mit ihm heißen Sie Ihren Gesprächspartner willkommen. Verwehren Sie einem anderen den Händedruck, kann das als übertrieben schüchtern oder sogar als feindselig gedeutet werden.

Es gilt eine leicht zu merkende Regel für den Handschlag: Er funktioniert nur im Stehen, auf Augenhöhe und ohne Gegenstände dazwischen.

Halten Sie Ihre rechte Hand für den Handschlag frei. Tragen Sie Ordner, Aktentaschen, Koffer und Handtaschen in der linken Hand.

Als Empfangspersonal hinter einem Tresen verzichten Sie grundsätzlich auf den Handschlag.

An einem Tisch sitzende Personen, z. B. im Restaurant oder im Büro, sollten Sie nicht mit einem Händedruck begrüßen. Sie würden sie sonst zwingen aufzustehen. Falls Sie selbst an einem Schreibtisch sitzen, stehen Sie auf, gehen um den Tisch herum und begrüßen Sie Ihren Gast.

Unter Kollegen ist kein Handschlag nötig. Sie werden im Alltag nur mit Worten begrüßt. Die Ausnahmen bilden Termine, besondere Gelegenheiten oder wichtige Gespräche.

Wer reicht wem zuerst die Hand?

Ein Handschlag gilt zwar als Zeichen der Höflichkeit, allerdings nur, wenn der Impuls dazu von der richtigen Person ausgeht. Hier gelten folgende Regeln: Die Hand reicht ...

- der Ranghöhere dem Rangniedrigeren,
- bei gleicher Position der Dienstältere dem Dienstjüngeren,
- der Gastgeber dem Gast,

BEISPIEL

Sie sind Frau Koch, die Assistentin des Vorstands und holen einen hochrangigen Geschäftspartner, den Kunden Fischer, am Empfang Ihres Unternehmens ab. In diesem Fall bieten Sie den Handschlag an, obwohl Sie rangniedriger sind, denn Sie haben die Gastgeberrolle inne.

- auf neutralem Grund z. B. auf Tagungen, wenn keiner der beiden Gastgeber ist, der Kunde dem Geschäftspartner – denn auch bei einem Handschlag ist der Kunde König.

Alle diese Grundsätze gelten im Berufsleben geschlechterunabhängig. »Ladies first« spielt hier keine Rolle.

> Ist es nicht an Ihnen, zuerst die Hand zu reichen, signalisieren Sie Ihre Bereitschaft dazu am besten so: Halten Sie Ihre rechte Hand mit der offenen Handfläche zu Ihrem Körper auf Taillenhöhe bereit.

So sollte ein Handschlag sein

Der richtige Handschlag ist 2 bis 3 Sekunden lang. Er wird kräftig mit der rechten Hand und mit Blickkontakt ausgeführt. Vermeiden Sie weitere Berührungen. Halten Sie Ihren Gesprächspartner also nicht am Unterarm fest und klopfen Sie ihm auch nicht auf die Schulter. Der Handschlag ist die einzige Berührung, die im Business erlaubt ist.

Hat Ihnen schon einmal jemand eine Hand gegeben, die sich so schlaff anfühlte wie ein toter Fisch? Vermeiden Sie unbedingt einen solchen Händedruck, vor allem im Beruf. Besonders als junger Mensch werden Sie damit nicht ernstgenommen. Er ist ein Karrierekiller, weil der andere dann in Ihnen Schwäche und Unsicherheit vermutet.

Übung: Wie wirkt Ihr Händedruck auf andere?

Fragen Sie einen Vertrauten oder einen Freund, ob er sich als Partner für ein kurzes Handschlag-Experiment zur Verfügung stellt. Geben Sie ihm die Hand, als ob er ein Fremder wäre. Fragen Sie ihn hinterher nach seiner ehrlichen Meinung. Wie empfand er Ihren Händedruck? Zu fest, zu schlaff, zu weich, zu kurz, zu lang? Falls Sie dabei schlecht abschneiden, üben Sie den Händedruck mit Ihrer Versuchsperson, bis Sie ihn beherrschen.

Exkurs: Die Distanzzonen

Es gibt sog. Distanzzonen, die für den Abstand stehen, die man in bestimmten sozialen Kontexten zu seinem Gesprächspartner einhalten sollte. Sie sind je nach Kulturkreis unterschiedlich. Eine Armlänge inklusive Faust oder zwei Unterarmlängen, also ca. 60 Zentimeter, gelten im deutschsprachigem Raum als persönliche Distanzzone. In diesen Bereich anderer sollten Sie in der Business-Welt nicht vordringen. Tun Sie es dennoch, empfindet das der andere als unangenehm und distanzlos.

Die Distanzzonen	
Intimzone	unter 60 cm
Persönlichkeitszone	60 – 120 cm
Soziale Zone	120 – 300 cm
Öffentliche Zone	ab 300 cm

Vermeiden Sie Berührungen, wie z.B. Schulterklopfen oder Armtätscheln. Dieses Eindringen in die Intimzone eines anderen ist nur Familienmitgliedern, Freunden oder anderen engen Vertrauten erlaubt.

> Es gibt Menschen, die ganz bewusst die Distanzzone unterschreiten, und zwar, um ihre Macht zu demonstrieren bzw. um andere einzuschüchtern. Als Neueinsteiger sollten Sie auf solche Taktiken unbedingt verzichten.

Etwas anderes gilt natürlich bei Berufen, in denen nah am Körper von anderen gearbeitet wird. So müssen Ärzte, Pflegepersonal, Frisöre, Massöre etc. in die Intimzone eindringen, um ihren Beruf ausüben zu können. Arbeiten Sie in solchen Bereichen, sollten Sie Berührungen jedoch vorab ankündigen und sie mit viel Bedacht ausführen.

Ein Blick ins Ausland

Die Begrüßungsrituale sind trotz Globalisierung sehr unterschiedlich geblieben. Es gelten die Regeln des Gastgeberlandes, d.h., man richtet sich nach den Grundsätzen des Landes, in dem man sich gerade aufhält. In Deutschland geben wir uns die Hand, in Großbritannien wird oft auf den Handschlag verzichtet. In Frankreich begrüßt man sich nicht nur privat, sondern oft auch geschäftlich mit der sog. Akkolade, einem angedeuteten Küsschen rechts und links. In der Schweiz wird dreimal geküsst und in Lateinamerika müssen Sie mit einer Umarmung rechnen, als ob sie sich seit Jahren kennen. In Osteuropa ist der

Händedruck noch sehr viel kraftvoller als bei uns. Sie sollten in den entsprechenden Ländern auch nicht zimperlich sein. In den arabischen Staaten werden Frauen nicht mit Handschlag begrüßt. Zudem darf man ihnen nicht in die Augen schauen.

Das kleine Einmaleins der Gesprächsführung

Eines meiner Lieblings-Knigge-Zitate ist: »Lerne den Ton der Gesellschaft anzunehmen, in der du dich befindest.« Höchstwahrscheinlich praktizieren Sie dies intuitiv bereits, denn mit einem Freund oder Bruder sprechen Sie sicher anders als mit einem Vorgesetzten. Nichtsdestotrotz sollten Sie mit beiden respektvoll und aufmerksam kommunizieren. Wie das am besten funktioniert, lesen Sie in diesem Kapitel.

Der Ton macht die Musik

Ihre Stimme ist ein mächtiges Instrument, mit dem Sie so einiges bewirken können, wenn Sie es geschickt und nach den Regeln des guten Tones einsetzen. Sprechen Sie in normaler Lautstärke und mit mittlerer bis langsamer Geschwindigkeit. Aggressivität und Schreien haben weder im Berufs-, noch im Privatleben etwas verloren.

- Sprechen Sie deutlich. Wer nuschelt, zwingt sein Gegenüber dazu dauernd nachzufragen – was sehr unangenehm für den anderen ist.

- Stellen Sie sich, wenn möglich, am besten hin, wenn Sie Wichtiges zu sagen haben. Im Stehen haben Sie eine kraftvollere Stimme als im Sitzen.
- Wer ohne Tiefen und Höhen leiert oder aggressiv spricht, dem hört man nicht gerne zu. Versuchen Sie, Ihre Stimme bei dem einen oder anderen wichtigen Inhalt noch eine Nuance tiefer zu setzen, denn in tiefer Tonlage werden Sie ernster genommen. Machen Sie gezielt Pausen, vor allem am Satzende, und Kunstpausen vor bedeutsamen Aussagen.

Zuhören ist besser als reden

Ein Knigge-Zitat lautet: »Interessiere dich für andere, wenn du willst, dass sie sich für dich interessieren.« Aufmerksames Zuhören zeigt dem anderen: »Ich will Sie verstehen und ich interessiere mich für Sie.« Ihr Gegenüber sollte also Ihre volle Aufmerksamkeit genießen. So signalisieren Sie Ihrem Gesprächspartner, dass Sie aufmerksam zuhören:

- Halten Sie Blickkontakt.
- Zeigen Sie Ihre Gefühle, wie z. B. Freude, Bedauern, Enttäuschung, offen, aber maßvoll. Eine Unterhaltung ist kein Pokerspiel, es sei denn, Sie stecken in knallharten geschäftlichen Verhandlungen. In allen anderen Fällen sind Gefühle erlaubt – sie lassen Sie authentisch und sympathisch wirken. Wie stark Sie Ihre Emotionen zeigen, sollte von der jeweiligen Situation abhängen und nicht von Ihrem persönlichen Naturell.

- In der Regel sollten Sie niemanden in seinem Redefluss unterbrechen bzw. ihm ins Wort fallen. Die Ausnahmen finden Sie im Kapitel »Wie Sie Vielredner stoppen«.
- Bestätigen Sie Ihr Zuhören mit kurzen Affirmationen, wie z. B. mh, ja, ah, aha, okay, in Ordnung.
- Lächeln, nicken, nachdenklich die Hand zum Kinn führen zeigt: »Ich höre Ihnen interessiert zu.«

Wenn Sie diese Tipps befolgen, wenden Sie die Technik des Aktiven Zuhörens an. Es macht Sie nicht etwa passiv, sondern versetzt Sie in die Lage, initiativ zu handeln, und zwar wohlüberlegt zum richtigen Zeitpunkt, nachdem Sie erst einmal genau zugehört haben. Dann sind Sie am Zug und werden mit Ihren klugen, innovativen und flexiblen Vorschlägen und Reaktionen punkten. Im Gegenzug, wenn Sie jemanden etwas mitzuteilen haben, wird man sich daran erinnern, dass Sie ein guter Zuhörer sind und Ihnen wiederum auch umso lieber zuhören.

Besser direkt und kurz als ausschweifend und blumig

Vor allem Frauen neigen zu einer weichen, relativierenden Sprache. Im Berufsleben schadet das eher, als das es nützt. Wenn Sie etwas zu sagen haben, sagen Sie es entschlossen und direkt.

Vermeiden Sie den Konjunktiv – also kein »würde, könnte, hätte, wäre, wollte«. Wer viel auf den Konjunktiv zurückgreift, wirkt nicht eben entschlossen. Benutzen Sie ihn nur, wenn etwas an eine Bedingung geknüpft ist (»Wenn X eintritt, könnten wir Y machen.«). Verwenden Sie ihn jedoch nicht als Höflichkeitsform. Nach Knigge ist dies nicht erforderlich. Auch Führungskräfte sprechen und schreiben meist nicht im Konjunktiv, und wenn, dann nur zu rhetorischen Zwecken.

BEISPIEL

Sagen Sie nicht: »Würden Sie bitte den Tisch für 20.00 Uhr reservieren?« Sagen Sie statt dessen: »Bitte reservieren Sie den Tisch für 20.00 Uhr.«

Streichen Sie Füllwörter aus Ihrem Wortschatz, wie z. B. aber, allerdings, eigentlich, im Prinzip. Sie wirken, als suchten Sie nach Worten und brauchten Bedenkzeit. Solche Weichmacher erzeugen beim anderen im Übrigen schnell den Eindruck, als zweifelten Sie an Ihrer eigenen Aussage oder als wollten Sie etwas verschweigen.

BEISPIEL

Sagen Sie nicht: »Das ist eigentlich perfekt gelaufen.«, sondern: »Das ist perfekt gelaufen.«

Sagen Sie nicht: »Im Prinzip komme ich gut klar nach der Einarbeitung.«, sondern: »Ich komme nach der Einarbeitung gut mit meinen Aufgaben zurecht.«

Texten Sie niemanden zu. Es ist unhöflich, die Zeit anderer mit unwichtigen Details zu verschwenden. Zudem erwecken Sie damit den Eindruck, dass es Ihnen schwerfällt, Ihren Fokus richtig zu setzen. Überlegen Sie vorher, was für Ihren Gesprächspartner relevant ist.

So konkret und präzise wie möglich

Je präziser und konkreter Sie kommunizieren, desto professioneller wirken Sie auf andere. Das lässt sich trainieren, auch im privaten Rahmen. Bedienen Sie sich der Vielfalt unserer Sprache und werden Sie dadurch zum Präzisionstalent. Teilen Sie Ihrem Gegenüber alle Fakten mit, die Ihnen bekannt sind.

BEISPIEL

Sagen Sie im Restaurant statt: »Ein Wasser, bitte!«, besser: »Bringen Sie uns bitte eine große Flasche Mineralwasser mit Kohlensäure?«

Statt: »Wir wollten doch mal was essen gehen.«, sagen Sie zu Ihrem Kollegen: »Haben Sie Zeit und Lust, morgen Abend mit mir essen zu gehen? Ich wollte Sie doch schon längst einmal einladen. Es gibt, 100 Meter von hier, seit letzter Woche ein neues indisches Restaurant. Ich weiß, Sie essen gerne indisch.«

In der Business-Welt ist Zeit Geld. Daher schätzen es die meisten Gesprächspartner, wenn Sie vor einem Gespräch auf den dafür benötigten zeitlichen Rahmen hinweisen.

Fassen Sie zum Abschluss eines Gesprächs alle wichtigen Aspekte für sich und den anderen noch einmal zusammen. Das ist nicht nur äußerst professionell und sachdienlich, sondern trainiert Ihre Fähigkeit, Dinge auf den Punkt zu bringen.

Fair und sachlich mit Kritik umgehen

Vor allem diejenigen, die neu im Job sind, werden am Anfang in das eine oder andere Fettnäpfchen treten. Fehler macht jeder. Auch Missgeschicke sind ganz normal. Und trotzdem sind sie uns peinlich und unangenehm. Viele negieren dann ihre Fehler, geben anderen die Schuld oder weisen sie kategorisch von sich. Und genau solche Reaktionen machen den Fehler in den Augen der Kollegen und Vorgesetzten nur noch schlimmer. Stehen Sie also zu Ihren Missgeschicken und sehen Sie sie als Chance, aus ihnen zu lernen.

Am besten ist es, wenn Sie den Fehler in einem Gespräch gemeinsam mit Ihrem Vorgesetzten oder Kollegen besprechen, und zwar unter vier Augen, denn Unterredungen dieser Art benötigen kein Publikum. Vereinbaren Sie einen Termin und einen ruhigen Ort für solch ein Gespräch. Herrscht in dem Unternehmen, in dem Sie arbeiten, eine gute Fehlerkultur, werden solche Gespräche durchaus begrüßt, um das Beste aus dem Fehler zu ziehen.

Souverän im Kritikgespräch
Sie werden ein Getränk angeboten bekommen, das Sie als freundliche Geste unbedingt annehmen sollten.
Gehen Sie positiv gestimmt in das Gespräch.
Lassen Sie den anderen ausreden.
Stellen Sie Ihre Zweifel vorerst zurück. Nehmen Sie die Kritik erst einmal an, ohne gleich etwas zu erwidern.
Versetzen Sie sich in die Lage Ihres Gesprächspartners.

Souverän im Kritikgespräch
Fragen Sie nach, wenn Ihnen etwas unklar ist.
Bleiben Sie sachlich, ruhig und freundlich.
Verwenden Sie Ich-Botschaften, wenn Sie Ihre Sicht der Dinge schildern. Nicht: »Sie haben mir aber gesagt, dass ich den Hebel ziehen soll«, sondern: »Ich habe aus den Einweisungen geschlossen, dass ich den Hebel ziehen soll.«
Drücken Sie sich exakt und präzise aus.
Setzen Sie bewusste Pausen, damit Ihr Gesprächspartner Stellung nehmen kann.
Stehen Sie zu Ihren Fehlern und übernehmen Sie dafür die Verantwortung. Entschuldigen Sie sich für Ihre Schnitzer.
Machen Sie Verbesserungsvorschläge.
Beenden Sie das Gespräch unter allen Umständen positiv.

Ohne geht es nicht: Small Talk

Bevor wir mit anderen Geschäfte machen, eine Geschäftsbeziehung aufbauen oder vertrauliche Details zu Projekten austauschen, müssen wir miteinander warm werden und Vertrauen zum Gesprächspartner fassen. Ebenso wie im Privaten braucht es auch im Beruflichen einer gewissen Schnupperphase, während der wir den anderen grob einschätzen, um herauszufinden, ob er uns wohlgesonnen ist oder nicht. In dieser Phase wollen wir nicht mehr als nötig von uns preisgeben. Wir beschränken uns daher auf den wenig riskanten Small Talk.

Geeignete Small-Talk-Themen sind unverfänglich und polarisieren nicht. Es gibt Themen, die genau das Gegenteil bewirken und daher für Small Talk nicht taugen. Sprechen Sie möglichst nicht über Politik, Geld, Religion, Sex, Krankheiten, belastende Probleme jeglicher Art, wie z.B. Unfälle, Pannen, Verzögerungen, Komplikationen, Liebeskummer, Trennung, Scheidung, nicht erreichte Ziele, Arbeitslosigkeit, Sucht, Todesfälle.

Sport bildet einen Grenzbereich. So kann z.B. die Fußballbundesliga ein heikles Thema sein, wenn Sie auf jemanden treffen, der leidenschaftlicher Fan eines Vereins ist. Über Tennis, Golf, Formel 1, Reiten oder Synchronschwimmen kann man sich dagegen emotionsloser unterhalten.

Und dann gibt es Themen, die an sich zwar unverfänglich sind, aber nicht in den Kontext der Situation passen.

BEISPIEL

Bei einem firmeninternen Kochevent für vegane oder vegetarische Küche sollten Sie nicht von Ihrer Leidenschaft für die Jagd erzählen. Wissen Sie, dass Ihr Chef ein kategorischer Umweltschützer ist, sollten Sie auf der Weihnachtsfeier nicht von Ihrer neuesten PS-starken Rennmaschine schwärmen.

Auf der sicheren Seite sind Sie beim Small Talk, wenn Sie sich der Gesellschaft anpassen, in der Sie sich gerade befinden. Dazu ist es erforderlich, erst einmal zuzuhören und zu lauschen, was die anderen sagen. Tun Sie das aufmerksam, werden Sie schnell herausfinden, wie die anderen »ticken«. Danach können Sie passend dazu Ihren Teil beisteuern.

Geeignete Small-Talk-Themen

Im Folgenden sind ein paar Themenbereiche aufgelistet, die ein sicheres Terrain für Small Talk bieten:

- Das Wetter mit einem Satz zu erwähnen, vor allem dann, wenn es gerade wieder Eskapaden schlägt, ist in Ordnung, aber nur, wenn Ihnen nichts Besseres einfällt.
- Über das aktuelle Umfeld oder die momentanen Gegebenheiten zu sprechen, ist als Auftakt mitunter die beste Wahl.

BEISPIEL

»Ich komme immer wieder gerne hierher, denn allein die schöne Anfahrt ist eine Reise wert.«, oder: »Ich freue mich, dass die Veranstaltung dieses Mal hier stattfindet, denn ich wollte die Stadt schon immer mal kennenlernen.« Im Restaurant: »Das hört sich alles sehr lecker an. Waren Sie schon einmal hier und können Sie mir etwas empfehlen?«

- Die Frage zur jeweiligen Herkunft ergibt meist gute Anknüpfungspunkte für ein unverbindliches Gespräch. Ihr Gegenüber wird Ihnen in der Regel gerne von seiner Heimat erzählen.

BEISPIEL

»Sie haben einen so sympathischen Akzent. Kommen Sie aus Frankreich?«, oder: »Wohnen Sie schon lange in der Schweiz?«

- Auch Hobbys sind gut als Einstieg in eine Unterhaltung geeignet, vor allem dann, wenn beide Gesprächspartner ein gemeinsames Hobby entdecken, für das sie brennen.

- Ihr letzter Urlaub ist für Sie sicher noch sehr präsent, doch für die anderen können allzu detaillierte Reisebeschreibungen schnell langweilig werden. Erwähnen Sie ihn also nur kurz und antworten Sie dann nur noch auf Rückfragen dazu, falls überhaupt welche kommen.
- In Deutschland redet man vor allem unter Männern gerne über Autos, über die neuesten Modelle und innovative Technologien.
- Ob Musik, Film, Architektur, Kunst, Wissenschaft, Kulinarisches – mit kulturellen Themen kann man immer punkten und sich geschickt in Szene setzen.
- Auch Interkulturelles kann interessante Gesprächsthemen eröffnen, besonders, wenn Vertreter verschiedener Nationen anwesend sind. Achten Sie jedoch darauf, Politisches und Religiöses auszusparen. Zeigen Sie wertschätzendes Interesse für die Bräuche und Gepflogenheiten anderer.

BEISPIEL

»Wie handhabt man das bei Ihnen im Land?«, oder: »Wie begrüßt man bei Ihnen Geschäftspartner?«, oder: »Wie werden Projekte bei Ihnen angestoßen? Auch per Kick-off-Workshop?«

Small Talk ist für alle da: Alle Anwesenden sollten mitreden wollen und können. Ist das nicht der Fall, sollten Sie das Thema wechseln.

Small-Talk-Tauglichkeit: die Checkliste

Beachten Sie die in der folgenden Checkliste aufgeführten Aspekte, gelingt Ihnen der Small Talk von Mal zu Mal besser.

So werden Sie zum Small-Talk-Profi
Stellen Sie Ihr Handy stumm.
Gehen Sie offen auf andere zu. Die meisten sind dankbar, wenn sie angesprochen werden.
Brechen Sie das Eis mit einer Bemerkung oder einer Frage, die zur Situation und zur Gesellschaft passt, in der Sie sich gerade befinden.
Vermeiden Sie heikle und polarisierende Themen, z. B. Politik, Sex, Religion und negative Ereignisse in Ihrem Leben, wie z. B. Trennungen oder Unfälle.
Seien Sie nicht herablassend oder arrogant.
Halten Sie beim Gespräch Blickkontakt und zeigen Sie eine offene Körperhaltung (kein Verschränken der Arme und Beine).
Beziehen Sie alle Umstehenden mit ein. Achten Sie aufmerksam darauf, ob das Thema das Interesse aller findet. Falls nicht, wechseln Sie es.
Machen Sie in der Runde Platz, wenn neue Personen hinzukommen.
Mischen Sie sich nicht in die Unterhaltungen anderer ein, die ins Gespräch vertieft sind.
Lassen Sie andere ausreden.
Hören Sie aktiv zu: Fragen Sie nach und quittieren Sie das Gehörte mit hm, ja, aha etc.
Drücken Sie sich für alle verständlich aus. Lassen Sie Fremdwörter und Expertenausdrücke weg. Formulieren Sie in ganzen Sätzen.
Seien Sie auch zu denjenigen höflich und aufmerksam, die Sie unsympathisch finden.

So werden Sie zum Small-Talk-Profi
Stellen Sie offene Fragen, also Fragen, die mit wie, woher, welche, weshalb etc. beginnen. So sichern Sie den Gesprächsfluss.
Merken Sie sich die Namen Ihrer Gesprächspartner.
Verzichten Sie auf Belehrungen.
Finden Sie Gemeinsamkeiten. So wirken Sie wie ein Gleichgesinnter, was andere sympathisch finden.
Fühlen Sie sich in den anderen hinein und versuchen Sie seine Perspektive anzunehmen.
Machen Sie einem anderen Komplimente, sollten Sie nur seine Fähigkeiten und nicht Äußerlichkeiten loben.
Bedanken Sie sich für Komplimente mit einem schlichten »Danke« und weisen Sie sie nicht zurück.
Bedanken Sie sich für das Gespräch, bevor Sie weitergehen.

Die Kunst des Telefonierens

Im Privatleben kommunizieren wir immer mehr über Instant-Messaging-Dienste oder soziale Medien. Im Berufsleben ist das anders: Hier ist das Telefon nach wie vor das wichtigste Kommunikationsmittel. Sie sollten es also gut einzusetzen wissen.

In diesem Kapitel erfahren Sie u. a.,

- wie Sie in einem Telefonat bleibenden Eindruck hinterlassen,
- welche Begrüßungsformeln gelten,
- wie Sie schlechte Nachrichten überbringen,
- wie Sie Vielredner höflich stoppen.

Die Grundregeln für gelungene Telefonate

Oft ist ein Telefonat der erste Kontakt mit einer Ihnen noch fremden Person. Kunden und Geschäftspartner machen sich im Gespräch ein »Bild« von Ihnen und dem Unternehmen, für das Sie arbeiten, obwohl man Sie nicht sieht. Dieser erste Eindruck ist von allergrößter Bedeutung für den gelungenen Auftakt einer Geschäftsbeziehung. Daher schulen auch viele Unternehmen ihre Mitarbeiter zunächst in der Kunst des Telefonierens, bevor diese zum Hörer greifen dürfen. Das Ziel eines geschäftlichen Telefonats ist es, dem Angerufenen zu vermitteln, dass Sie ihm während des Gesprächs mit Ihrer vollen Aufmerksamkeit zur Verfügung stehen und dass der Anruf auch für Sie wichtig ist. Professionell zu telefonieren ist keine Begabung, die man in die Wiege gelegt bekommt. Man lernt es durch Training und das Einhalten der folgenden Regeln.

Telefonieren: die Dos und Don'ts
Das sollten Sie tun
▪ Lächeln Sie. Ihr Lächeln kann der andere zwar nicht sehen, aber heraushören.
▪ Beginnen und beenden Sie das Telefonat grundsätzlich positiv.
▪ Lassen Sie den anderen ausreden.
▪ Bleiben Sie immer freundlich.
▪ Reagieren Sie auf Beschwerden ruhig und gelassen.
▪ Halten Sie Gespräche kurz und kommen Sie auf den Punkt.

Telefonieren: die Dos und Don'ts
Das sollten Sie nicht tun
▪ Arrogant sein
▪ Persönlich werden
▪ Lehrer- oder Kindergärtnerinnenton
▪ Zu hoch oder zu nasal sprechen
▪ Angriffe des anderen mit Gegenangriff parieren
▪ Essen oder trinken
▪ Rauchen
▪ Herumgehen
▪ Nebenbei anderen im Raum Fragen beantworten, z. B. mit Handzeichen

Die Vorbereitung

Eine Telefonnummer ist schnell gewählt. Das verleitet viele dazu, andere anzurufen, ohne sich vorher auf das Gespräch vorbereitet zu haben. Nicht selten kommt es vor, dass man dann gleich noch einmal anrufen muss, um eine wichtige Info nachzureichen. Peinlich! Machen Sie sich deswegen vor dem Telefonat übersichtliche, chronologische Notizen, damit Sie nichts vergessen. Fragen Sie ruhig vorher einen Kollegen, ob ihm noch etwas Relevantes einfällt. Halten Sie Unterlagen, Terminkalender, Notizblock und die Kontaktdaten von involvierten Personen parat. Das geht schnell, wenn Sie am PC sitzend telefonieren. Öffnen Sie alle Seiten und Programme, bevor Sie beginnen. Planen Sie selbst einen Anruf, sollten Sie vor dem Gespräch laute Hintergrundgeräusche möglichst abstellen oder zumindest reduzieren, indem Sie das Fenster schließen oder einen ruhigen Ort aufsuchen, so z. B. aus der Werkshalle gehen.

Werden Sie angerufen, sollten Sie zwischen dem zweiten und dritten Klingeln abheben. Wenn Sie zu früh abheben, ist der Anrufer gedanklich noch nicht so weit und irritiert, weil es ihm zu schnell geht. Wenn Sie später abheben, erweckt das den Eindruck, man würde Sie stören.

Welche Nummer Sie wählen sollten – und welche nicht

Wenn Ihnen die Durchwahlnummer Ihres Telefonpartners bekannt ist, verwenden Sie diese. Wenn nicht, fragen Sie nicht danach; sie wird Ihnen zu gegebener Zeit angeboten.

Haben Sie eine Handynummer von Ihrem Kontakt vorliegen, heißt das noch nicht, dass Sie diese auch wählen sollten. Falls jemand nicht direkt am Festnetz erreichbar ist, brauchen Sie die ausdrückliche Erlaubnis, ihn via Mobiltelefon zu kontaktieren. In der Telefonzentrale oder bei der Sekretärin können Sie in dringenden Fällen nachfragen, ob Sie es am Handy versuchen dürfen. Informieren Sie dann aber auch über den Grund der Dringlichkeit.

Die Begrüßungsformel für Anrufer

Ein professioneller Einstieg in ein Telefonat, also die richtige Begrüßung, ist die halbe Miete. Wenn Sie bereits zu Beginn Fehler machen, haben Sie später kaum mehr eine Chance, das Telefonat noch zum Guten zu wenden.

In vielen Unternehmen ist der Text, mit dem externe Anrufer begrüßt werden sollen, einheitlich definiert. Fragen Sie Ihre Vorgesetzten oder Kollegen, ob es eine solche Begrüßungsformel gibt und halten Sie sich daran. Existiert keine Vorgabe dazu, sollten Sie Anrufer nach folgendem Schema begrüßen:

Unternehmen – Vorname – Nachname – Begrüßung, also z. B.: »Mustermann AG – Thomas Müller – Guten Tag.«

Wenn Sie kurzzeitig für einen Kollegen einspringen und für ihn den Telefondienst übernehmen, dann sollten Sie dies auch erwähnen: »Mustermann AG – Thomas Müller – am Apparat von Frau Koch – Guten Tag.«

Am Servicetelefon meldet man sich noch höflicher. Nach der Begrüßungsformel schließen sich produktabhängig Fragen an, wie z. B.: »Was kann ich für Sie tun?«, oder: »Wie kann ich Ihnen helfen?«

Wird Ihnen der Name des Anrufers im Display angezeigt, weil er mit seinen Kontaktdaten im System eingespeichert ist, heißt das noch lange nicht, dass Sie ihn gleich mit seinem Namen ansprechen sollten. Das ist meist nur dem Vertrieb und den Führungskräften vorbehalten. Fragen Sie nach, wie solche Anrufe mit Displayerkennung gehandhabt werden. Ist die namentliche Ansprache gewünscht, sagen Sie am besten: »Schönen guten Tag, Frau/Herr .... Was kann ich für Sie tun?«

Bei internen Anrufen geht es wesentlich informaler zu. Melden Sie sich mit Namen und Tagesgruß: »Thomas Müller, guten Tag!« Wenn Sie mit dem Kollegen per Du sind und am Display erkennen, um wen es sich handelt, können Sie z.B. sagen: »Guten Morgen, Paul, was gibt es Neues?«

> Ein saloppes »Hallo« dürfen Sie sich nicht einfach erlauben, es sei denn, Sie arbeiten in einem Unternehmen, das ein junges Kundenklientel hat oder in dem ein legerer Umgangston herrscht, z.B. in einem Start-up-Unternehmen aus der Design-Branche.

Haben Sie gerade keine oder nur wenig Zeit für einen Anruf, weil Sie z.B. gleich in ein Meeting müssen, bieten Sie sofort nach der Begrüßung einen Rückruf an oder nennen Sie Ihr Zeitlimit.

Die Begrüßungsformel für ausgehende Telefonate

Rufen Sie jemanden an, ist die Formel genau andersherum. Nachdem Ihr Gesprächspartner seine Begrüßungsformel gesprochen hat, legen Sie los nach folgendem Schema:

»Tagesgruß – hier ist – Vorname – Nachname – von Unternehmen«

BEISPIEL

> »Guten Tag, hier ist Thomas Müller von der Mustermann AG. (*Pause*) Ich habe noch zwei Fragen zu der Lieferung nächste Woche. Haben Sie einen Moment Zeit?«

In der kurzen Pause geben Sie dem anderen die Möglichkeit, Sie noch einmal mit Ihrem Namen zu begrüßen. Falls er das nicht tut, starten Sie mit einem kurzen Small Talk oder direkt mit Ihrem Anliegen. Welche Variante Sie wählen, hängt von verschiedenen Faktoren ab, nämlich von Ihrer Position, Ihrem Aufgabenbereich, der Situation, Branche, Ihrem Verhältnis zueinander, wie gut Sie also miteinander bekannt sind, oder auch, wie oft Sie mit dieser Person telefonieren.

Nur der Nachname oder Vor- und Nachname?

Je älter Sie werden oder je höher Ihre Position im Unternehmen ist, werden Sie sich nur noch mit Ihrem Nachnamen melden, z. B. »Mustermann AG, Maier, guten Tag!« In konservativen Unternehmen kann es sein, dass alle sich als Ausdruck der Firmenkultur grundsätzlich nur mit dem Nachnamen melden und vorstellen. Dies gilt aber nicht für angelsächsisch orientierte Unternehmen. Dort wird immer auch der Vorname genannt: »XYZ Consulting, Peter Maier, guten Tag!«

Seit Längerem geht der Trend dazu, sich mit Vor- *und* Nachnamen zu melden, denn auch der Klang des Vornamens ist geeignet, sich ein besseres Bild vom anderen zu machen. Der gesamte Name sagt viel aus über Herkunft, Alter und Habitus. So sieht vor unserem geistigen Auge Thomas Müller anders aus als Hubertus Müller oder Hans-Peter Müller.

Einstiegsfragen

Telefonate sollten kurz gehalten sein. Kommen Sie also möglichst schnell zum Punkt Ihres Anliegens. Das gelingt mit den richtigen Einstiegsfragen.

Statt: »Geht's gerade?«, sagen Sie besser:

- »Haben Sie einen Augenblick? Ich habe noch zwei Fragen zum Ablauf ...«
- »Können Sie gerade sprechen, denn ich brauche noch den Preis für ...«
- »Ich muss Ihnen noch die Zahlen für ... durchgeben. Haben Sie etwas zum Schreiben parat?« (*Pause)* »Oder soll ich Sie später dazu anrufen?«
- »Herr Fischer braucht nun doch schon bis morgen das Angebot, schaffen Sie das?«
- »Ich habe noch eine Frage. Es dauert nur zwei Minuten, sonst kann ich nicht weiterarbeiten.«

Wertschätzung für den anderen zeigen

In Telefonaten können wir unser Gegenüber nicht sehen. Wir können seine Gestik und Mimik nur erahnen. Ein stilles Lächeln oder ein bestätigendes Nicken kommt beim anderen nicht an. Das macht es schwer für beide Seiten einzuschätzen, ob uns der Gesprächspartner freundlich gesonnen ist. Um dem anderen unsere Wertschätzung deutlich zu signalisieren, müssen wir sie verstärkt mit Worten ausdrücken. Daher verwendet man am Telefon viel öfter die Wörter »Danke« und »Bitte« als von Angesicht zu Angesicht. Was im persönlichen Gespräch anbiedernd erscheinen würde, ist bei einem Telefonat notwendig, um dem anderen die eigene Offenheit und Wertschätzung zu verdeutlichen.

BEISPIEL

»Danke für den Rückruf.«, »Bitte schicken Sie mir das noch heute.«, »Sie haben recht.«, »Ja genau, das hatte ich auch mal.«, »Stimmt, das kenne ich.«

Der Name des anderen wird nicht nur als Stilmittel verwendet, sondern auch als Ausdruck der Wertschätzung. Sie sollten ihn häufiger nennen als im persönlichen Gespräch unter vier Augen.

Schlechte Nachrichten

Negative Nachrichten wie Terminverschiebungen, Lieferengpässe und Ähnliches sollten Sie unmittelbar und persönlich mitteilen. Ein Telefonat ist die schnellste und einfachste Möglichkeit, dies zu tun. Es geht darum, den Kunden zu besänftigen, um das Verhältnis nicht zu strapazieren. Wenn Sie ihn nicht erreichen, hinterlassen Sie eine Nachricht bei der Sekretärin bzw. seinem Stellvertreter oder sprechen Sie auf seine Mailbox oder den zentralen Anrufbeantworter der Firma. Falls das Unternehmen keine Möglichkeiten vorhält, Sprachnachrichten zu hinterlassen – das kommt dank der Technik kaum mehr vor und ist äußerst unprofessionell – schreiben Sie direkt eine E-Mail.

BEISPIEL-MAIL

»Ich habe versucht, Sie telefonisch zu kontaktieren. Leider klappt es mit dem ... nicht. Sie können mich heute noch bis 17.30 Uhr im Büro erreichen. Morgen Vormittag werde ich Sie dazu noch einmal anrufen.«

E-Mails werden immer häufiger auch am Smartphone gelesen, deshalb sollten Sie darauf achten, dass Ihre Mail auch auf einem kleinen Display gut lesbar ist. Wählen Sie dazu einen aussagekräftigen Betreff und schreiben Sie kurze Sätze, in denen Sie sich auf das Relevante beschränken. Strukturieren Sie sie mit Absätzen und Aufzählungszeichen.

> Auch für E-Mails und SMS gilt: Wahren Sie die Höflichkeit. Verzichten Sie niemals auf Anrede und Tagesgruß.

Warten lassen und weiterleiten

Sie müssen sich kurz beim Kollegen schlaumachen oder etwas nachsehen, um dem Kunden eine Frage zu beantworten? Formvollendet leiten Sie die dadurch entstehende kurze Wartepause für den anderen so ein: »Können Sie einen Moment in der Leitung bleiben, Herr/Frau …? Ich frage bei Herrn Neumann, unserem Techniker, nach und bin gleich wieder für Sie da.« Stellen Sie die Warteschleife ein, die bestenfalls mit passender Musik unterlegt ist.

Lassen Sie den anderen nicht zu lange warten. Falls es länger als 30 Sekunden dauert, melden Sie sich kurz zwischendurch und fragen Sie, ob Ihr Gesprächspartner noch warten möchte oder lieber zurückgerufen werden will.

Wenn Sie das Telefonat wieder aufnehmen, sagen Sie am besten: »Herr/Frau … (*kurze Pause*), vielen Dank, dass Sie gewartet haben. Herr Neumann konnte …«

Weiterleitungen an andere Kollegen können Sie wie folgt ankündigen: »Frau Schmidt, am besten stelle ich Sie gleich zu unserem Techniker, Herrn Neumann, durch. Er wird Ihnen sofort weiterhelfen, wenn Sie einen Moment in der Leitung bleiben. (*Pause*) Ihnen noch einen schönen Tag, auf Wiederhören.«

Erreichbarkeit

Es erleichtert die Kommunikation ungemein, wenn Ihre Geschäftskontakte wissen, wann Sie im Büro erreichbar sind. Das gilt vor allem für diejenigen, die in Teilzeit arbeiten. Wenn Sie nur an bestimmten Tagen oder zu festen Uhrzeiten im Büro telefonisch erreichbar sind, sollten das Ihre Kontakte, also z. B. Ihre Kunden, Geschäftspartner und Kollegen aus anderen Bereichen, wissen. Profis notieren sich solche Informationen direkt bei den Kontaktdaten.

Längere Abwesenheiten, die sich z. B. wegen eines Urlaubs, einer Fortbildung, einer Krankheit oder des Mutterschutzes und der Elternzeit ergeben können, sollten Sie Ihren beruflichen Kontakten mit einem konkreten Anfangs- und Enddatum in Telefonaten bzw. per E-Mail und in Abwesenheitsnotizen via E-Mail-Programm mitteilen. Geben Sie hier auch immer die Kontaktdaten desjenigen an, der Sie in der Zeit Ihrer Abwesenheit vertritt.

Telefonkonferenz

Telefonkonferenzen sind praktisch, weil man, sind mehrere beteiligt, Besprochenes nicht noch einmal wiederholen muss. Alle Anwesenden werden vom Einladenden namentlich begrüßt und/oder vorgestellt. Rechtlich gesehen müssen alle Teilnehmer ihr Einverständnis geben, dass sie für andere hörbar sind. Telefonkonferenzen, bei denen alle durcheinanderreden, sind wenig zielführend. Es hat sich bewährt, einen Moderator zu bestimmen, der festlegt, wer gerade reden darf. Am angenehmsten ist es, wenn sich nur die beiden Hauptakteure unterhalten, während die anderen zuhören und nur dann sprechen, wenn der Moderator sie dazu auffordert.

Konzentrieren Sie sich voll und ganz auf die Konferenz. So mancher passiv Beteiligte neigt dazu, nebenbei E-Mails zu beantworten, mit dem Kollegen zu quasseln oder Kaffeekränzchen abzuhalten. All dies ist für die anderen Teilnehmer meist hörbar und wird als sehr unhöflich empfunden.

Wie Sie Vielredner stoppen

Unser Berufsalltag ist oft hektisch. Ein Termin jagt den nächsten. Was tun, wenn man schon längst im Meeting sein sollte, der Gesprächspartner jedoch keine Anstalten macht, das Telefonat zu beenden? Es ist grob unhöflich, jemanden ohne Punkt und Komma zuzutexten. Das gilt auch im Berufsleben, es sei denn, Sie werden dafür bezahlt, anderen stundenlang zuzuhören. Für spontane Geschäftsgespräche gilt eine Daumenregel: Sie sollten nicht länger als fünf Minuten dauern. Für längere Gespräche vereinbart man einen Telefontermin, der zeitlich begrenzt ist.

Mit den folgenden Tricks bekommen Sie den Redeschwall anderer in den Griff:

- Sprechen Sie den anderen öfter als üblich mit seinem Namen an.
- Sagen Sie: »Augenblick, ich schreibe mit.«

- Unterbrechen Sie dezent mit: »Moment, bevor ich es vergesse …«, oder mit: »Vergessen Sie nicht, was Sie sagen wollten. Wichtig ist, dass wir zuerst …«
- Stellen Sie geschlossene Fragen, also Fragen, die der andere nur mit Ja oder Nein beantworten kann.
- Verschieben Sie das Telefonat auf einen späteren Zeitpunkt: »Frau Schmidt, darf ich Sie zurückrufen, im Augenblick habe ich nicht genügend Zeit für Sie. Wann sind Sie denn erreichbar?«

Kompetenz signalisieren

Mit relativ wenig Aufwand ist es möglich, dem Gesprächspartner die eigene Kompetenz zu signalisieren.

- Machen Sie sich während des Telefonats Gesprächsnotizen, so dass Sie wichtige Details nicht vergessen.
- Drücken Sie sich präzise und konkret aus. Wechseln Sie die Perspektive und fragen Sie sich: Welche Informationen sind für den anderen wichtig? Teilen Sie ihm diese von sich aus, möglichst ohne dessen Nachfrage, mit.
- Stellen Sie Sachverhalte in chronologischer Reihenfolge dar.

BEISPIEL

»Letzte Woche haben Sie die Schrauben XY nachbestellt. Jetzt liegt alles beim Versand. Am kommenden Montag können wir liefern. Oder ist Ihnen ein anderes Lieferdatum lieber?«

- Ein Kunde fühlt sich partnerschaftlicher und damit besser behandelt, wenn Sie ihm eine Wahlmöglichkeit einräumen.
- Seien Sie präzise. Vermeiden Sie Wörter wie z. B. vielleicht, circa, eigentlich, ungefähr.
- Sagen Sie nur das zu, was Sie selbst garantieren können.
- Halten Sie sich strikt an getroffene Vereinbarungen, so vor allem zu Terminen.

Flop-Floskeln – Top-Aussagen

So nicht:	Eher so:
Störe ich gerade?	Haben Sie eine Minute?
Wie war Ihr Name?	Wie ist Ihr Name?
Oh, das muss ich erst abklären.	Ich kümmere mich sofort darum.
Da bin ich nicht zuständig.	Ich verbinde Sie mit Herrn Neumann, unserem Techniker.
Da müssen Sie morgen noch einmal anrufen.	Kann ich Ihnen behilflich sein? Denn Herr Müller ist außer Haus und morgen wieder erreichbar. Um was geht es genau? (*Notizen machen*). Wann kann man Sie denn morgen am besten telefonisch erreichen? Dann ruft Sie Herr Müller zurück.
Herr Dr. Maier ist heute leider nicht da.	Herr Dr. Maier ist heute außer Haus, darf ich Sie mit Frau Koch verbinden? Sie gilt als seine rechte Hand und ist mit allen Vorgängen vertraut.
Sind Sie noch da?	Frau Schmidt (*Stimme senken, Pause*), danke, dass Sie gewartet haben ...

So nicht:	Eher so:
Das haben Sie falsch gemacht.	Das ist ein wenig schiefgelaufen.
Ich habe Ihnen doch genau erklärt ...	So etwas kommt vor, das kriegen wir hin.
Kein Problem.	Sehr gerne.
Nein.	Das wird schwierig, aber wir versuchen unser Bestes.
Diese Reklamation ...	Diese Angelegenheit ...
Dieses Problem hatten wir ...	Diesen Umstand hatten wir ...
Das geht nicht.	Möchten Sie stattdessen ... oder ...? Was ich Ihnen anbieten kann, ist ...
Da haben Sie unrecht.	Ich sehe das anders.
Sie müssen da sofort anrufen.	Wenn Sie einfach gleich dort anrufen, ...

Telefongespräche beenden

Leiten Sie das Ende des Telefonats so ein, dass es für den anderen nicht zu abrupt kommt. Dafür eignen sich Sätze wie z. B.: »Aus meiner Sicht haben wir alles besprochen.«, »Haben Sie noch eine Frage?« Fassen Sie danach getroffene Vereinbarungen kurz zusammen, um Missverständnisse zu vermeiden. Anschließend verabschieden Sie sich. Hier gibt es im beruflichen Umfeld nur eine Wahl: »Auf Wiedersehen«. Das passt immer und ist respektvoll. Nicht geeignet, weil zu salopp, sind dagegen Tschüs, Tschau oder Ciao ciao.

Professionell bei der Arbeit

Man erwartet im Job von Ihnen nicht nur gute Arbeitsleistungen. Vorgesetzte schätzen Mitarbeiter, die sich gut in den Kollegenkreis integrieren und die perfekt mit Kunden umgehen können. Alle diese Erwartungen zu erfüllen, ist nicht einfach, aber machbar, wenn Sie die Regeln kennen.

In diesem Kapitel erfahren Sie u. a., wie

- Sie mit Zuverlässigkeit punkten,
- Sie Ihren Chef und die Kollegen von sich überzeugen,
- Sie das Beste aus Meetings und Präsentationen machen.

Was Vorgesetzte erwarten

Natürlich ist kein Vorgesetzter gleich. Es gibt die Kumpeltypen, die ihre Mitarbeiter als vollkommen gleichgestellt behandeln. Es gibt die Autoritären, die auf der Einhaltung der Hierarchie pochen und deren Wort als gesetzt gilt. Es gibt die Cholerischen, die Angst und Schrecken verbreiten. Es gibt die Teamplayer, die ihren Mitarbeitern freie Hand lassen, solange alles gut läuft. Egal, wie Ihr Chef tickt – wenn Sie gute Arbeit leisten und ihm gegenüber die wesentlichen »Benimmregeln« einhalten, sind Sie immer auf der sicheren Seite. Sie zeigen damit Wertschätzung und Respekt für seine Person und Position, und das kann im Verhältnis zum Vorgesetzten nie schaden.

Umgang mit Vorgesetzten: die Grundsätze
Sprechen Sie sie mit Titel und Namen an.
Lassen Sie ihnen den Vortritt in Gebäuden und Räumen, wie z. B. im Büro, Meetingraum, Fahrstuhl, in der Kantine, im Restaurant.
Gehen Sie nach Ihnen die Treppe hoch und vor Ihnen die Treppe hinunter.
Setzen Sie sich nach ihnen hin, um ihnen die Platzwahl zu überlassen.
Ziehen Sie – auch an sehr heißen Tagen – erst dann das Sakko aus, wenn Ihr Vorgesetzter dies tut. Sobald man den Raum verlässt, werden die Sakkos wieder angezogen.
Unterbrechen Sie sie nicht.
Sprechen Sie sie nicht von hinten an.
Schenken Sie ihren Ausführungen Ihre volle Aufmerksamkeit.

Karrierebooster: Zuverlässigkeit

Anders als im Privatleben können wir uns unser Umfeld im Job nicht aussuchen. Wir müssen mit den Kollegen, Mitarbeitern und Vorgesetzten zurechtkommen, die da sind. Das ist oft gar nicht so einfach, denn wir treffen unter Umständen auf Menschen, die ganz anders ticken als wir. Dann gilt es, sich so gut wie möglich zu arrangieren. Der kleinste gemeinsame Nenner sind hier die Umgangsformen, die dem anderen Wertschätzung und Respekt vermitteln, auch wenn man das, was er äußert, oder sein Verhalten nicht unbedingt nachvollziehen kann. Ein wichtiger Faktor, der den anderen diese Wertschätzung und den Respekt signalisiert, ist Zuverlässigkeit. Wohl jeder Vorgesetzte schätzt zuverlässige Mitarbeiter, denen er vertrauen kann. Und auch die Kollegen arbeiten viel lieber mit jemandem zusammen, auf den sie sich verlassen können. Zuverlässig ist derjenige, der sich an Absprachen hält, so z. B. an vereinbarte Termine oder festgelegte Aufgaben.

So einfach ist es, zuverlässig zu sein
Treffen Sie nur Zusagen, die Sie sicher einhalten können.
Verwenden Sie nie das Wort »vielleicht«, es gibt nur »ja« oder »nein«. »Vielleicht« wird gleichgesetzt mit nicht können, nicht wissen oder nicht wollen.
Halten Sie sich exakt an vereinbarte Termine. Ist im Ausnahmefall absehbar, dass das nicht möglich sein wird, informieren Sie Ihren Vorgesetzten rechtzeitig über den Grund der Verschiebung und den neuen Endtermin.

Pünktlichkeit zahlt sich aus

Auch Pünktlichkeit zählt zu den Eigenschaften, die Menschen zuverlässig machen. Diejenigen, die oft zu spät kommen, werden als verplant und unkalkulierbar wahrgenommen – Attribute, die im Geschäftsleben keinesfalls wünschenswert sind. Zur Pünktlichkeit gibt es klare Regeln.

Art des Termins	Wann sollten Sie da sein?
Meeting intern	5 Minuten vor der Zeit
Termin intern	Exakt auf die Minute
Meeting mit Externen	10 bis 15 Minuten vor der Zeit
Außentermin	5 bis 15 Minuten vor der Zeit am Empfang, je nachdem, wie weit der Fußweg zum Besprechungsraum ist
Restaurant, bei reserviertem Tisch	+/- 5 Minuten
Bei Einladungen, auf denen s. t. (sine tempore) steht	Exakt auf die Minute
Bei Einladungen, auf denen c. t. (cum tempore) steht	Bis zu 15 Minuten nach der Zeit
Veranstaltungen von ... bis ... Uhr	Sie können innerhalb des Zeitfensters kommen und gehen. Zur letztgenannten Zeit ist die Veranstaltung vorbei.
Eintreffen ab 16.00 Uhr, Ende der Veranstaltung circa 22.00 Uhr	Sie haben ein Zeitfenster von 16.00 bis circa 19.00 Uhr.
Veranstaltungen ab 16.00 Uhr, Eröffnungsansprache um 16.30 Uhr	Ihr Zeitfenster reicht von 16.00 bis 16.20 Uhr

Verspäten Sie sich ausnahmsweise einmal doch, z. B. weil Sie in einem unerwarteten Stau stehen, sollten Sie Ihren Chef oder gleich Ihren Terminpartner darüber – am besten telefonisch – informieren. Je früher dies geschieht, umso besser. Dank Navigationssystem lässt sich die Ankunftszeit gut bestimmen. Parkplatzprobleme sind übrigens keine Entschuldigung. Es wird schlicht vorausgesetzt, dass Sie sich vorab über die Parkplatzsituation informiert haben.

> Verfügen Sie nicht über die Zeit anderer, indem man auf Sie warten muss.

Im Kundenkontakt

In Japan ist der Kunde Gott. Dieser Grundsatz ist nicht etwa eine geschickt lancierte Marketingmethode, um sich auf dem Markt besser zu behaupten, sondern eine tief verwurzelte Einstellung, die historische und religiöse Wurzeln hat. In Deutschland sollte der Kunde zumindest König sein. Die Betonung liegt auf »sollte«, denn in der Realität ist hier oftmals jede Menge Luft nach oben.

Den Kunden wie einen König zu behandeln, bedeutet nicht, dass er Narrenfreiheit hat und Sie sich alles von ihm gefallen lassen müssen. Es heißt aber, ihn zuvorkommend, aufmerksam und wertschätzend zu behandeln, so wie jeden anderen in Ihrem Umfeld auch.

Todsünden im Umgang mit Kunden

Es gibt gewisse Todsünden im Umgang mit Kunden. Begehen Sie sie, machen Sie einen besonders schlechten Eindruck auf Ihre Kundschaft. Oder Sie laufen sogar Gefahr, dass der Kunde zur Konkurrenz wechselt. Die absoluten No-Gos sind im Folgenden aufgeführt.

Auf keinen Fall!
Namentlich bekannte Kunden nicht mit Namen begrüßen.
Sich selbst nicht mit dem Namen vorstellen oder andere, die Sie z. B. bei einem Kundentermin oder in ein Meeting begleiten.
Auf »Sehr geehrter Herr …« mit: »Hallo Herr …«, oder: »Liebe Frau …« antworten.
Verantwortung wegschieben: »Da bin ich nicht zuständig«, statt: »Ich kümmere mich darum!«
Dem anderen ins Wort fallen.
Nicht auf das Anliegen des Kunden eingehen.
Einem Kunden das Du anbieten – das darf nur er.
Kunden beschimpfen – das gilt auch, wenn Ihr Gesprächspartner Sie beleidigt.
Den Kunden von oben herab behandeln. Achtung: Dieser Eindruck entsteht auch, wenn Sie Wendungen wie »Sie müssen«, oder: »Sie sollen« nutzen.
Smileys oder Emoticons verwenden. Setzen Sie sie auch dann nicht ein, wenn der Kunde sie zur Kommunikation nutzt.
Fehler und Unwissenheit nicht zugeben.
Nicht zuhören, was der andere sagt.
Lästern über nicht anwesende Dritte, so z. B. den Chef oder andere Kunden.

Auf keinen Fall!
Kritisieren vor anderen; Kritik am Kunden, wenn überhaupt, nur unter vier Augen.
Schlechte Nachrichten verzögert oder gar nicht mitteilen.
Miese Stimmung verbreiten.
Schwarzmalen, eigenes Unternehmen schlechtmachen und jammern.
Laut rufen oder schreien – gehen Sie zu der Person hin, der Sie etwas mitteilen wollen.
Unpassende Kleidung und ungepflegte Erscheinung.

Ebenfalls einen schlechten Eindruck macht es, wenn Sie sich auf die Nachricht eines Kunden nicht umgehend zurückmelden. Was »umgehend« ist, hängt von der Art des Kommunikationsmittels ab, das der Kunde gewählt hat.

Beantworten Sie ...

- E-Mails und SMS in der Regel innerhalb von 24 Stunden an Werktagen;
- Anrufe auf Ihrer Mailbox sofort, wenn Sie wieder verfügbar sind, falls keine Zeit für den Rückruf angegeben wurde, oder innerhalb einer Stunde.
- Briefe, die per Post kommen, wenn nicht vorgegeben, innerhalb von drei bis vier Werktagen.

Falls Sie die Anfrage des Kunden nicht innerhalb dieser Zeitfenster bearbeiten können, lassen Sie ihm eine kurze Zwischennachricht zukommen, wann er mit einer Beantwortung rechnen kann.

Meetings – Ihre große Chance, einen guten Eindruck zu machen

Meetings sind wie eine Bühne. Sie haben dort ein Publikum, bei dem Sie Pluspunkte sammeln können. Sie können die Reaktionen anderer direkt wahrnehmen und darauf reagieren. Egal, ob Sie Einladender oder Eingeladener sind: Bei Treffen dieser Art sollten Sie nichts dem Zufall überlassen und Ihren Beitrag dazu bestens vorbereiten. Das garantiert ein gutes Gelingen und spart kostbare Arbeitszeit. Wie Sie in Meetings formvollendet agieren, zeigt Ihnen die folgende Übersicht.

Der Meeting-Check

Intern unter Kollegen

- Kleidung: Normales Tages-Outfit entsprechend dem Dresscode des Unternehmens
- Erscheinen: 2 bis 5 Minuten vorher
- Getränke: Jeder bedient sich selbst.

Internes Meeting mit anwesenden Externen

- Kleidung: Dresscode des Unternehmens, mindestens Blazer oder Jackett
- Erscheinen: 5 bis 10 Minuten vorher
- Gäste in Empfang nehmen: Assistentin oder Sekretär wird die Gäste am Empfang abholen und zum Besprechungsraum führen (zur Begrüßung siehe das gleichnamige Kapitel).
- Garderobe: Die Assistenz nimmt die Mäntel der Gäste entgegen. Im besten Fall ist die Garderobe sichtbar im Raum; viele wollen ihren Mantel in Reich- oder zumindest in Sichtweite behalten.
- Getränke: Die Assistentin bietet Getränke an, indem sie eine kleine Auswahl der verfügbaren Kalt- und Heißgetränke aufzählt. Sie serviert von rechts und stellt das Getränk oben rechts am Sitzplatz ab. Alle nehmen eines der angebotenen Getränke an – ohne Extrawünsche.

Der Meeting-Check

Meist stehen gekühlte Getränke bereits am Tisch. Externe bedienen sich erst nach Aufforderung selbst. Wenn kein Service anwesend ist, bedient sich jeder selbst. Jemand erklärt den Gästen die Kaffeemaschine oder den Weg zum Getränkebüfett.

Sowohl für interne Treffen als auch für Meetings mit Externen gelten die folgenden Regeln.

Bei allen Meetings wichtig	
Laptop, Notebook, Beamer etc.	Vor Beginn aufbauen, wenn Sie das Equipment für das Meeting brauchen.
Handy	Vor Beginn des Meetings auf Stumm-, Nicht- stören- oder Flugmodus stellen. Dem Vertrieb oder Entscheidern wird oft erlaubt, dringende Anrufe oder E-Mails direkt zu beantworten. Eventuelle Störungen werden vor Beginn angekündigt. Telefoniert wird aber erst außerhalb des Besprechungsraums. Dann gilt es, sich kurz zu fassen, denn das Meeting wird deshalb unterbrochen. Versuchen Sie alles noch Offene vorher zu klären. Für andere ist es ein Ärgernis und ein Zeichen der Nichtachtung ihrer Person, wenn man ständig Nachrichten beantwortet und sich dadurch den Anwesenden entzieht.
Sich zu Wort melden	Durch kurzes Handzeichen, aber nicht wie in der Schule mit dem Zeigefinger, sondern mit der ganzen Hand. Handrücken dazu nur bis zur Brusthöhe anheben. Halten Sie dabei Blickkontakt mit dem aktuell Sprechenden. Ist Ihr Beitrag dringend, können Sie sich aus der zurückgelehnten Position ein wenig nach vorne beugen, dies aber gleichzeitig mit dem Handzeichen.

Bei allen Meetings wichtig	
Präsenz zeigen	Sehen Sie den jeweiligen Redner an. Reagieren Sie mit minimaler Mimik auf das, was Sie hören. Wirken Sie niemals teilnahmslos oder gar gelangweilt. Wenn Sie selbst sprechen oder präsentieren, blicken Sie alle nacheinander an; lassen Sie niemanden aus.
Pausen	In den Pausen haben Sie die Gelegenheit, kurz zur Toilette zu gehen, um sich frisch zu machen und um Haare und Make-up zu prüfen. Die Raucher treffen sich in der Raucherecke. Überlegen Sie sich jedoch, das ein oder andere Mal auf die Zigarette zu verzichten, damit Sie sich nicht das Image eines »Süchtlings« einhandeln oder wichtige Gespräche verpassen. Zeigen Sie auch in Pausen Präsenz und Ansprechbarkeit. Was in den Auszeiten besprochen wird, ist oft wichtiger als die Inhalte des Meetings. In den Pausen wird häufig Insiderwissen ausgetauscht und Allianzen werden geschmiedet.

Bringen Sie Ihr Äußeres geschickt zum Einsatz

Der erste Eindruck entscheidet darüber, ob wir Menschen als stimmig, sympathisch und kompetent wahrnehmen. In Sekunden fällen wir ein Urteil über andere – und diese über uns. Sie können so Einiges dafür tun, damit es möglichst positiv ausfällt.

In diesem Kapitel erfahren Sie u. a.,

- warum es sich lohnt, die sog. Dresscodes zu beachten,
- was eine gepflegte Erscheinung bewirkt,
- welch mächtige Wirkung Körpersprache hat.

Was es mit dem Dresscode auf sich hat

Wer schon einmal als Einziger in Jeans und T-Shirt inmitten von Anzug- und Kostümträgern in einer Veranstaltung saß, kennt das unangenehme Gefühl, wie es ist, underdressed zu sein. Man fühlt sich nicht richtig dazugehörig und irgendwie deplatziert. Wenn auch die Business-Welt immer bunter und, wie es scheint, offener für unterschiedliche Kleidungsstile wird, so gibt es branchen-, positions- und unternehmensbezogen immer noch bestimmte – meist ungeschriebene – Regeln, wie man sich kleidet. Bewegen Sie sich innerhalb dieser Vorgaben, sind Sie auf der sicheren Seite. Sie sind dann weder under- noch overdressed.

Dresscodes in den verschiedenen Branchen

Jeder Wirtschaftszweig steht für ein bestimmtes Image derjenigen, die in ihm tätig sind. In den verschiedenen Branchen haben sich im Laufe der Zeit daher unterschiedliche Dresscodes herausgebildet, die genau dieses Image transportieren.

BEISPIEL

Bankangestellte sollten Seriosität ausstrahlen, um das Vertrauen ihrer Kunden in sensiblen Geldangelegenheiten zu gewinnen. Daher gilt in der Banken- und Finanzbranche ein konservativer Dresscode, der genau diese Seriosität vermitteln soll.

Einem in konservativen grauen Zwirn gehüllten Grafikdesigner würde man zwar auch Seriosität unterstellen. Die Kreativität, die ein Erfolgsfaktor für seine Profession ist, könnte er dem Kunden so jedoch nicht vermitteln. Daher sind Designer meist eher kreativ gekleidet, und wenn auch nur mit stylischen Accessoires, wie einer exaltierten Brille oder auffälligem Schmuck.

Die folgende Übersicht zeigt, welcher Dresscode in welcher Branche gilt.

♚ = Konservativ (Business Wear – Smart Casual)

♛ = Exklusiv (Business Wear – Smart Casual – Business Casual)

♜ = Leger (Smart Casual – Business Casual – Casual Wear)

♞ = Kreativ (Casual Wear)

♟ = Dienstkleidung (wird gestellt oder genau vorgegeben)

Wirtschaftszweig	♚	♛	♜	♞	♟
Banken	✓				
Baugewerbe			✓		
Behörden			✓		✓
Bildung			✓	✓	
Dienstleistung je nach Branche			✓	✓	✓
Einzelhandel je nach Produkt	✓	✓	✓	✓	✓
Gastronomie und Hotellerie		✓			✓
Gewerbe	✓	✓			
Großhandel	✓	✓			
Handwerk			✓	✓	✓
Industrie je nach Position und Abteilung	✓	✓	✓	✓	✓

Wirtschaftszweig	♚	♛	♜	♞	♟
Immobilien		√			
IT			√		
Juristen	√				
Logistik			√		
Medien			√		
Medizin					√
Öffentlicher Dienst			√		√
Pharmazeutische Industrie		√			
Touristik		√			
Unternehmensberatung	√	√			
Verlage	√	√	√		
Versicherung	√	√			
Werbung			√	√	

Natürlich gibt es Unternehmen, in denen ein hiervon abweichender Dresscode vorherrscht. Die Vorgaben oben sind nur Richtwerte. Beobachten Sie daher genau, wie sich Ihre Kollegen und Vorgesetzten kleiden oder fragen Sie nette Kollegen, ob es eine Kleiderordnung gibt. In großen und internationalen Unternehmen ist der Dresscode häufig streng vorgegeben. Vor allem als Berufseinsteiger sollten Sie sich den geltenden Gepflogenheiten anpassen und sich darauf konzentrieren, durch Ihre Leistungen aufzufallen – nicht mit Ihrer Kleidung.

> Faustregel: Je teurer das Produkt oder die Dienstleistung ist, desto gehobener gekleidet sind die Mitarbeiter des Unternehmens.

Dresscodes für Frauen

Ein hübscher Rock, eine schöne Bluse, die passenden Pumps – und fertig ist der perfekte Look fürs Büro? So leicht ist es für Frauen leider nicht. Je nach Branche und Unternehmen gibt es feine Nuancen, was erlaubt ist und was nicht. Hier spielen die bereits oben in der Übersicht aufgeführten Dresscodes eine Rolle. Im Folgenden sehen Sie, wie sich Business Wear, Smart Casual & Co. im Einzelnen unterscheiden.

Business Wear: Geschäftskleidung

Das Kostüm, der Hosenanzug, das Kleid: In gedeckten Farben, also z. B. beige, grau, braun, keine großen Muster; Rocklänge mindestens eine Handbreit über dem Knie. Jackett ohne Verzierungen, Armlänge reicht etwa bis zum Puls.

Die Bluse: Jede Farbe ist erlaubt; sie sollte jedoch nicht zu grell sein. Mit rosa und pink sollten Sie wegen der mädchenhaften Anmutung zurückhaltend sein. Nicht durchsichtig und nicht zu eng. Armlänge: 1 bis 2 cm länger als das Jackett, also bis zur Daumenwurzel reichend.

Die Schuhe: Schlicht und geschlossen. Absätze: 3 bis 5 cm auch mit Plateau.

Die Strümpfe: Ab 20 DEN. Hautfarben. Ersatzstrumpfhose parat halten.

Der Gürtel: Hochwertig, keine Markenlogos.

Die Tasche: Schlicht, zweckmäßig und hochwertig. Gehen Sie damit zum Essen, sollte sie nicht groß sein.

Der Mantel: Schlicht, alle dezenten Farben erlaubt. Möglichst länger als der Rock.

Der Schmuck: Maximal fünf Schmuckstücke inklusive Brille, keine langen Ketten und keine klappernden Armkettchen, keine Tücher.

Smart Casual: sportlich-elegant

Das Kostüm, der Hosenanzug, die Kombination, das Kleid: In gedeckten Farben, keine großen Muster, Rocklänge mindestens eine Handbreit über dem Knie.

Die Bluse, das T-Shirt, der Pullover, das Twinset: Alle Farben, jedoch rosa und pink nur bedingt, nicht durchsichtig und nicht zu eng. Hochwertig und gepflegt.

Die Schuhe: Schlicht und geschlossen. Absätze: etwa 3 bis 5 cm auch mit Plateau. Zu Hosen sind auch Sneakers erlaubt.

Die Strümpfe: Mindestens 20 DEN. Gedeckte Farben und hautfarben.

Der Gürtel: Hochwertig, keine Markenlogos.

Die Tasche: Hochwertig und schlicht.

Der Mantel: Schlicht. Alle dezenten Farben erlaubt.

Der Schmuck: Maximal fünf Schmuckteile, keine langen Ketten und keine klappernden Armkettchen. Entweder Echt- oder Modeschmuck – nicht mischen. Tücher sind erlaubt, lenken aber vom gesprochenen Wort ab.

Casual Wear: bequem und frei wählbar

Kombinationen mit Rock, Hose und Blazer: Alle gedeckten Farben, auch gemustert. Rock bis eine Handbreit über dem Knie. In Kombination mit dunklen, blickdichten Stumpfhosen ab 60 DEN kann der Rock auch kürzer sein. Jeans sind nicht immer erlaubt – zur Sicherheit nachfragen. Keine Shorts.

Die Bluse, das T-Shirt, der Pullover, das Twinset: Alle Farben erlaubt. Keine zu großen Aufdrucke. Keine Sweatshirts und Hoodies. Kein Grobstrick.

Die Schuhe: Alle zulässig außer Sport-, Freizeit- oder Abendschuhe.

Die Strümpfe: Ab 10 DEN. Achtung: Ganz auf Strümpfe zu verzichten, ist nicht in jedem Unternehmen erlaubt. Slings oder Peeptoes-Schuhe immer ohne Strümpfe tragen.

Der Gürtel: Auch modische möglich.

Die Tasche: Sportlich-elegant.

Der Schmuck: Mehr Schmuck erlaubt.

> Casual Wear, wie wir es privat kennen, hat übrigens nichts mit dem Casual im Business zu tun. Es ist also längst nicht alles erlaubt, was gefällt.

Unabhängig vom Dresscode: die Tabus

- Beach- oder Sportswear hat im Geschäftsleben nicht zu suchen, es sei denn, Sie sind Fitnesstrainerin oder Rettungsschwimmerin.
- Verzichten Sie auf große Muster, zu grelle Farben und Statement-T-Shirts.
- Das Prinzip »Weniger ist mehr« gilt nicht, wenn es um den Bürolook geht: Verzichten Sie auf schulter- oder bauchfreie Mode, Miniröcke und ein tiefes Dekolleté. Die Unterwäsche darf nicht sichtbar sein und darf sich auch nicht abzeichnen.
- Ein No-Go sind ungeputzte Schuhe und kaputte Absätze.
- Heben Sie sich Creolen und tiefhängende Ohrringe für die Freizeit auf.

Dresscodes für Männer

»Hauptsache Anzug, dann werde ich schon richtig angezogen sein«, denken sich viele Männer. Ganz so einfach ist das jedoch nicht. Wie so oft, gibt es auch bei den Dresscodes für Männern nicht nur Schwarz und Weiß, also Anzug oder T-Shirt, sondern ganz viele Grauschattierungen.

Business Wear: Geschäftskleidung

Der Anzug: Grau, das, je höher die Position ist, desto dunkler ist. Gerade geschnittene Hose, einreihiges Jackett, das über das Gesäß reicht. Gerade Schultern. Nur mäßig tailliert. Armlänge bis zum Puls reichend. Tipp: Kaufen Sie zwei Hosen; die Jacke nutzt sich nicht so schnell ab. Dreiteiler, also Jacke, Hose, Weste, ist der Chefetage vorbehalten. Tragen Sie Doppelreiher nur zu privaten Terminen; sie erinnern Uniformen, denn der Doppelreiher wurde ursprünglich in der Marine getragen.

Das Hemd: Weiß, nicht durchscheinend, ohne Brusttasche. Kragen am besten Kent. Cutaway-Kragen (auch Haifischkragen genannt) ist nur bedingt geeignet, weil sehr jung und modern. Tab-Kragen ist zu extravagant für Gespräche mit hochrangigen Kunden. Armlänge: 1 bis 2 cmlänger als das Jackett, also bis zur Daumenwurzel reichend.

Die Krawatte: Uni, zweifarbig gestreift oder zart gepunktet, immer aus Seide. Rot nur für Chef oder Wortführer geeignet. Einfacher Knoten bzw. einfacher oder doppelter Windsorknoten.

Die Schuhe: Schlichte, mattschwarze Oxford Schnürschuhe, auch mit abgesetzter Kappe oder Budapester mit dezentem Lochmuster. Pflicht ist Ledersohle. Tipp: Ersatz-Schnürsenkel immer parat halten.

Die Strümpfe: Eine Nuance dunkler als der Anzug, waden- oder knielang. Im Sitzen und mit übereinandergeschlagenen Beinen darf keine Haut sichtbar sein.

Das T-Shirt unter dem Hemd: Kein Feinrippunterhemd. Rundhals-Ausschnitt, eng am Hals abschließend. Ärmel schmal anliegend. Es muss so lang sein, dass es beim Bücken in der Hose bleibt.

Der Gürtel: Unauffällig, schwarz, aus Leder, Dorn in der Mitte, also im dritten Loch. Keine Markenlogos.

Der Anzugmantel: Grau oder schwarz, am besten einreihig, mit sichtbarer oder verdeckter Knopfleiste. Kurz- oder Sakkomantel, der längere Paletot-Mantel ist hinten geschlitzt. Das Material richtet sich nach der Jahreszeit.

Der Schmuck: Schlichte Brille aus Kunststoff oder Metall. Rahmenlose Modelle eignen sich speziell für Redner, weil sie dann nicht vom Vortrag ablenken. Uhr: dezent, Lederband, Edelstahlgehäuse, flach, damit sie unter der Hemdmanschette verschwinden kann. Aus Gold nur für den Vorstand zu besonderen Anlässen. Manschettenknöpfe nur in der Chefetage. Krawattennadel ist zurzeit nicht angesagt.

> Im Business Wear sollten Sie auf gemusterte, farbige oder zu kurze Socken unbedingt verzichten. Farbige oder gemusterte Hemden sind ebenso tabu wie Kurzarm- oder Button-Down-Hemden und braune Schuhe.

Smart Casual: sportlich-elegant

Der Anzug, die Hose, das Jackett: Grauer oder dunkelblauer Tagesanzug; kann auch mal beige sein. Kein brauner Anzug. Gerade geschnittene Hose, auch Chinos. Einreihiges Jackett, möglichst mit zwei Knöpfen, über das Gesäß reichend, gerade Schultern, nur mäßig tailliert. Armlänge bis zum Puls reichend. Tipp: Kaufen Sie zwei Hosen. Die Jacke nutzt sich nicht so schnell ab wie die Beinkleider.

Das Hemd, der Pullover: Hemd bevorzugt uni-weiß oder hellblau, maximal zarte Streifen oder Vichy Karo, nicht durchscheinend, ohne Brusttasche. Kragen: Kent oder Cutaway, beide auch ohne Krawatte. Tab-Kragen allerdings nur mit Krawatte. Armlänge: 1 bis 2 cm länger als das Jackett, bis zur Daumenwurzel reichend. Poloshirts sind je nach Unternehmen erlaubt. Pullover nur in Feinstrick. Runder Hals, V-Ausschnitt oder Rollkragen in allen dezenten Farben, aber ohne Muster.

Die Krawatte: Kann auch weggelassen werden.

Die Schuhe: Schlichte, mattschwarze oder dunkel- bis mittelbraune Schnürschuhe, abgesetzte Kappe oder dezentes Lochmuster. Zur Kombination passen auch Wildlederschuhe. Ledersohle ist Pflicht. Tipp: Halten Sie Ersatz-Schnürsenkel bereit.

Die Strümpfe: Gleiche Farbe wie Hose, jedoch eine Nuance dunkler.

Das T-Shirt unter dem Hemd: Kein Feinrippunterhemd. Weißes T-Shirt mit Rundhals-Ausschnitt, eng am Hals und in den Ärmeln schmal anliegend. Sollte so lang sein, dass es beim Bücken in der Hose bleibt.

Der Gürtel: Unauffällig, schwarz oder dunkelbraun, aber immer mit den Schuhen korrespondierend. Aus Leder. Dorn in der Mitte, also im dritten Loch. Keine Markenlogos.

Der Mantel: Grau, schwarz, braun, beige oder blau. Auch Trenchcoat erlaubt. Das Material richtet sich nach der Jahreszeit.

Der Schmuck: Brille: schlicht, aus Kunststoff oder Metall. Uhr: dezent mit Leder- oder Metallband, Edelstahlgehäuse. So flach, dass sie unter der Hemdmanschette verschwinden kann.

> Im Smart Casual sollten Sie auf grelle Farben und auffällige Muster verzichten. Verzichten Sie auf Mustermixe. Tabus sind Kurzarm- oder Button-Down-Hemden zur Krawatte, weit geöffnete Hemden, schwarze T-Shirts unter dem Hemd, Lederjacken, Ohrringe und Sweatshirts.

Casual Wear: bequem und frei wählbar

Die Hose: Stoffhose, Chino, Jeans; auch Cord oder Leinen, ist zurzeit aber nicht aktuell.

Die Jacke: Freizeitjacken, Jackett, Lederjacke, jedoch keine Sportbekleidung.

Das Hemd, der Pullover, das T-Shirt, das Poloshirt: Lang oder kurz, Button-Down-Hemd, mit oder ohne Brusttasche. Farbig, auch gemustert, aber dezent. T-Shirts hochwertig, kein großer Aufdruck. Feinstrickpullover.

Die Krawatte: Keine.

Die Schuhe: Alle, außer Sport-, Abend- oder offene Schuhe. Braune Schuhe sind erlaubt.

Die Socken: Auch farbig oder keine. Keine Tennissocken.

Der Gürtel: Wo Schlaufen sind, muss ein Gürtel hinein. Auch modische Gürtel erlaubt, z. B. mit grober oder automatischer Schnalle.

Der Schmuck: Auch auffälligere und modischere Brille und Uhr sowie Smart Watch erlaubt.

> Verzichten Sie im Casual Wear auf große Muster, grelle Farben, Jeans im Stonewashed-, Worn- oder Dirty-Look sowie ungebügelte, ungepflegte Kleidung. Seien Sie vorsichtig mit teuren Accessoires. Sie lösen den Verdacht aus, dass man sich auf Kundenkosten seinen Luxus finanziert.

Der perfekte Krawattenknoten

Mittlerweile gibt es viele Apps, die anschaulich zeigen, wie man eine Krawatte bindet. Ich empfehle vTie, denn dieses Programm ist kostenlos und ohne Werbung. Eine richtig gebundene Krawatte endet mit ihrer Spitze auf dem Gürtel. Damit sie das tut, sollten Sie vor dem Knotenbinden die folgenden Empfehlungen berücksichtigen:

- Planen Sie einen einfachen Knoten, sollten Sie das schmale Ende der Krawatte bis zum zweiten Hemdknopf legen.
- Beim Windsor Knoten beginnen Sie mit dem breiten Ende der Krawatte auf der rechten Seite, und zwar 30 cmunter dem schmalen Ende.

Wann ist welcher Knopf geschlossen?

In der Regel werden Sakko und Jackett im Stehen geschlossen getragen und im Sitzen geöffnet – wohlgemerkt: in der Regel, denn es hängt auch davon ab, welcher Art das Jackett ist.

- **Zweiknopf:** Klassischer Businessanzug, daher beste Wahl. Der oberste Knopf ist im Stehen geschlossen, der untere offen.
- **Dreiknopf:** Wenn das Sakko Falten wirft, sollten die beiden oberen Knöpfe geschlossen sein, sonst nur der mittlere.
- **Doppelreiher:** Alle Knöpfe sind geschlossen sowohl im Stehen als auch im Sitzen.
- **Tracht:** Entweder sind alle Knöpfe offen oder alle geschlossen, nur bei offiziellen Terminen sind alle zu.
- **Weste:** Alle Knöpfe sind immer geschlossen bis auf den untersten, deshalb bleibt das Jackett auch im Stehen offen. Moderieren Sie eine Veranstaltung oder sind Sie der Gastgeber,

ist eine Weste sehr praktisch, da Sie dann zur Begrüßung der Gäste oft aufstehen.

Unabhängig vom Dresscode: die Tabus

- Egal, wie gut Ihr Anzug sitzt: ein schlecht gebügeltes Hemd darunter macht jeden guten Eindruck zunichte. Lassen Sie es im Notfall noch schnell von einer Reinigung pflegen. Halten Sie im Büro immer auch ein Ersatzhemd bereit, vor allem, wenn Sie zu starkem Schwitzen tendieren.
- Abgelaufene Schuhsohlen und zerkratztes, ungepflegtes Leder schaden dem Gesamteindruck nachhaltig.
- Sandalen gehören nicht in die Geschäftswelt.
- Kurze Hosen gehen nicht, egal, wie heiß es sein mag.
- Auch weiße Tennissocken sind tabu.

Zu jeder Gelegenheit das passende Outfit

Nicht nur im Business-Alltag gibt es einen Dresscode. Auch bei Veranstaltungen, die sich im geschäftlichen Umfeld abspielen, existiert eine meist ungeschriebene Kleiderordnung. Sind Sie als Gast bei einer solchen Veranstaltung eingeladen, wählen Sie Ihre Kleidung also quasi nicht selbst à la Carte, sondern es gibt ein einheitliches Menü für alle. Verstoßen Sie gegen die Regeln, laufen Sie Gefahr, sich ins berufliche Abseits zu befördern bzw. zumindest nicht mehr eingeladen zu werden.

Einige Gastgeber teilen auf der Einladung den Dresscode mit – mal direkt, so z. B., wenn auf der Einladungskarte »Smoking und Abendgarderobe« steht, mal indirekt, wenn z. B. von einem Galadinner die Rede ist oder von einem Mitarbeiter-Picknick am See.

> Wird ein Dresscode ausgegeben, sollten Sie sich unbedingt daran halten, auch wenn Sie selbst diese Gepflogenheiten für oberflächlich und überflüssig halten.

Wenn keine Vorgaben existieren, dann müssen Sie selbst anhand der Kriterien Anlass, Tageszeit, Ambiente, Location und sozialer Status des Gastgebers entscheiden, welcher Look der passende ist. Hier kann eine nähere Recherche angesagt sein, um Fettnäpfchen zu umgehen.

BEISPIEL

Lisa Müller wurde von ihrem Chef zu einem Geschäftsessen bei einem Italiener gebeten. Sie erscheint dort in relativ legerer Kleidung mit Jeans und Bluse, da sie annahm, man bliebe dort unter Kollegen. Vor Ort stellt sie fest, dass es nicht irgendein Italiener ist, sondern *das* italienische In-Lokal in der Stadt mit einem Michelin-Stern. Zudem findet sie schnell heraus, dass auch die zwei wichtigsten Kunden anwesend sind.

Das Beispiel zeigt: Wenn Sie vorher noch nicht im angegebenen Restaurant gegessen haben, recherchieren Sie rechtzeitig im Internet. Die Websites der Restaurants sagen viel über das Niveau, das Ambiente und die eventuell geltende Kleiderordnung dort aus. Sichten Sie auch die Speisekarte, spätestens dort erkennen Sie um welche Klasse es sich handelt. Erkundigen Sie sich außerdem bei Kollegen, dem Chef oder dessen Assistenz, wenn Sie sich noch nicht ganz sicher sind, was Sie anziehen sollen.

Zu welcher Gelegenheit sich welches Outfit eignet, erfahren Sie in der folgenden Übersicht.

Welches Outfit zu welchem Anlass?	
Erstkontakt mit Geschäftspartnern, Tagung, Messe, Verhandlungstermin, Vertragsabschluss, Abendessen	Business Wear (Geschäftskleidung)
Praktikum	Casual Wear
Casual Friday	Wird in manchen angelsächsisch orientierten Unternehmen gelebt. Man darf dann, anders als an den anderen Wochentagen, freitags im Casual kommen, vorausgesetzt, Sie haben keinen Kundentermin.
Get Together nach der Arbeit (in der Schweiz: Apero), After Work Party, kleiner Umtrunk nach der Arbeit	»Come as you are«, was heißt, dass man so kommen darf, wie man während der Arbeit gekleidet war.
Auf Geschäftsreisen abends an der Bar, zum Essen mit Kollegen und Geschäftspartnern	Business Casual – man soll sehen, dass Sie eine Geschäftsfrau/ein Geschäftsmann sind, die/der nach der Arbeit unterwegs ist; also Casual mit einem Business-Kleidungsstück.

Welches Outfit zu welchem Anlass?	
Auslandstermine, Weiterbildung, Firmenevents, Abendveranstaltungen im geschäftlichen Rahmen	Oft wird hier Business Attire, also Geschäftskleidung, vorgeschrieben, um sicherzustellen, dass niemand zu leger erscheint.
Beim Teamevent oder Mitarbeitertag mit sportlichem Hintergrund, z. B. im Hochseilgarten, auf der Kart-Bahn	Sportkleidung
Auf Geschäftsreise im Hotelpool oder im Wellness-Bereich	Strandkleidung. Lieber den Badeanzug anstatt des Bikinis wählen, lieber in Shorts statt in Badehose. An der Strandbar grundsätzlich trocken erscheinen und zumindest den Oberkörper mit T-Shirt, Tunika oder Strandtuch bedecken, auch dann, wenn Sie sich nur mal schnell ein Getränk holen wollen.
Lockere Cocktailparty ab 18 Uhr, so z. B. im Club, in der Bar oder privat	Männer tragen einen schwarzen Anzug, in Süddeutschland, Italien und Spanien auch braun oder beige, ein einfarbiges Hemd, auch dunkel, mit oder ohne Krawatte, auch braune Schuhe oder Sneakers (aber nicht in England oder gehobenem Nightclub!); keine oder farbige Socken möglich. Frauen tragen möglichst ein Kleid, das auch kurz sein kann. Es sollte eher einfarbig sein, darf aber Verzierungen haben. Ein tiefes Dekolleté, ein Top oder Spaghettiträger, falls es die Figur erlaubt. Hohe Schuhe, z. B. Stilettos, Slings oder Peeptoes sind zulässig. Es darf Abend-Make-up aufgelegt werden. Viel Schmuck ist ebenfalls okay. Auch Modeschmuck und Creolen sind möglich. Die Frisur darf mondän sein. Die Fingernägel dürfen farbig sein.

Welches Outfit zu welchem Anlass?	
Festliche Firmenevents, so z. B. Galadiners, Opernpremieren, hochkarätige klassische Konzerte, Festspiele, Schwarz-Weiß-Bälle	Männer tragen einen schwarzen Anzug, ein weißes Abendhemd mit abgedeckter Knopfleiste in feinem Stoff, eine schwarze Seidenfliege, einen schwarzen Ledergürtel, schwarze Leder-, möglichst Lackschuhe. Frauen tragen ein Abendkleid bzw. ein Ballkleid. Ein solches Kleid ist festlich und bodenlang, kann auch gemustert sein. Zum Essen wird immer ein Abendjäckchen getragen, nicht etwa ein Blazer und auch kein Cardigan. Tragen Sie nur echten aufwendigen Schmuck. Haben Sie keinen, verzichten Sie lieber ganz auf Schmuck. Keine Uhr. Je später der Abend, desto kleiner die Tasche, also Clutch oder Abendtasche. Hohe Schuhe, in denen Sie tanzen können.

Motto ist nicht gleich Dresscode! Dresscodes sind international vorgegebene Kleiderordnungen. Ein Motto ist dagegen eine individuelle Entscheidung des Gastgebers, um einem Event eine besondere Note zu geben, so z. B. als Beach Party, Kostümball oder White Dinner. Hier bestehen, sofern Sie sich an das Motto halten, keine Regeln und Ihrer Fantasie sind keine Grenzen gesetzt.

Nicht nur Kleider machen Leute: gepflegte Erscheinung

Das Gesamtpaket zählt – und so kommt es nicht nur auf die richtige Kleidung und das perfekte Schuhwerk an, sondern auch auf eine gepflegte Erscheinung. Wer ungewaschene Haare hat oder abgebrochene Fingernägel, macht im Job keinen guten Eindruck.

Frauen wie auch Männer sollten hier auf Folgendes achten:

- frisch gewaschene Haare,
- ordentliche Frisur,
- in geschlossenen Räumen keine Kopfbedeckung, also keine Mütze, kein Cap, Hut, Kapuze und Ähnliches,
- kein Körper- und Mundgeruch,
- gepflegte Zähne,
- saubere und manikürte Fingernägel,
- Tätowierungen durch Kleidung abgedeckt,
- sichtbare Piercings entfernt,
- saubere, gebügelte Kleidung,
- keine Marken-Plagiate,
- saubere, unbeschädigte Schuhe.

Frauen sollten zudem auf Folgendes Wert legen:

- leichtes, natürliches Tages-Make-up,
- Augenbrauen geformt,

- nur dezentes Parfum, am besten nur am Abend,
- aufeinander abgestimmter Schmuck,
- am besten kurze Fingernägel; lange oder künstliche Fingernägel sind vor allem in konservativen Branchen nur selten erwünscht; die Regel ist: je kürzer die Fingernägel, desto höher die gesellschaftliche Position.
- Achsel- und Beinhaare entfernt,
- offene Schuhe nur mit pedikürten Füßen.

Für Männer gilt:

- gepflegte Gesichtshaut,
- top-rasiert bzw. Bart getrimmt,
- dezentes Rasierwasser, kein Parfum,
- manikürte, kurze Fingernägel,

Mächtige Körpersprache

Rücksichtsvolles, gutes Benehmen zeigt sich nicht nur in dem, was wir äußern, sondern vor allem auch in unserer Gestik und Mimik, also in unserer Körpersprache. Sie macht in Kombination mit unseren Worten und unserem Kleidungsstil das Gesamtpaket »Ich« aus, das andere wahrnehmen. Passt das, was wir sagen, nicht zu dem, was wir tun und wie wir uns geben, irritieren wir andere. Wir wirken dann nicht sehr authentisch und glaubwürdig auf sie.

BEISPIEL

Sagen Sie zu Ihrem Kollegen aus der anderen Niederlassung: »Es freut mich, Sie mal wiederzusehen!«, starren Sie dabei jedoch in den Boden, ohne zu lächeln, und reichen Sie ihm eine schlaffe Hand, wird er Ihren Worten kaum Glauben schenken.

Mimik-Tabus

Unsere Worte können also noch so höflich und formvollendet sein, wenn unsere Körpersprache es nicht ist, dann machen wir jeden guten Eindruck zunichte. In der folgenden Übersicht können Sie sehen, welche Mimik-Signale besonders problematisch sind.

Typ	Mögliches Signal an den anderen
Den anderen nicht ansehen, sondern Blick umherschweifen lassen	Sie sind nicht bei der Sache, gelangweilt, lassen sich ablenken
Mit den Augen rollen	Sie sind genervt, unzufrieden, Ihnen missfällt etwas
Lippen fest aufeinander pressen	Kann auf den anderen ablehnend bzw. aggressiv wirken, vor allem in Kombination mit zusammengekniffenen Augen
Gerümpfte Nase	Sie lehnen Ihr Gegenüber oder das, was er sagt, ab oder können ihn nicht »riechen«
Augen zusammenkneifen	Kann aggressiv wirken
Oberlippe hochziehen	Kann beim anderen verachtend oder zynisch ankommen.
Lächeln des anderen nicht erwidern	Kann vom anderen als Zeichen der Ablehnung oder sogar des Ärgers gewertet werden.

Gestik-Tabus

Nicht nur das Gesicht spricht Bände, auch mit Ihrer Gestik können Sie, ohne auch nur ein Wort zu sprechen, einen guten oder denkbar schlechten Eindruck hinterlassen.

Typ	Mögliches Signal an den anderen
Das Gegenüber dauernd anfassen, z. B. an der Schulter oder am Arm.	Achtung, Grenzverletzung! Damit kommen Sie dem anderen zu nahe (siehe hierzu auch zu den sog. Distanzzonen das Kapitel »Der Handschlag«)
Auf andere mit dem ausgestreckten Finger, dem Stift oder der Brille zeigen	Wird als sehr unhöflich gewertet und unter anderem sogar als Zeichen der Aggressivität oder als Mangel an Durchsetzungsvermögen interpretiert
Hände in der Hosentasche	Kann arrogant, selbstherrlich oder auch sehr unsicher wirken
Hände auf dem Schoß statt auf dem Tisch	Man könnte vermuten, dass Sie nicht mit offenen Karten spielen bzw. Informationen zurückhalten
Hände hinter dem Rücken	Erregt Misstrauen
Überkreuzte Arme	Wirkt abweisend
Geballte Faust	Wirkt drohend und aggressiv
Zeigefinger erheben	Wirkt besserwisserisch und arrogant
Im Sitzen die Hände vor dem Körper zum Spitzdach falten oder Hände im Nacken verschränken	Wirkt arrogant und besserwisserisch. Zweites ist zudem im Berufsalltag zu leger.
Hände reiben	Könnte als Schadenfreude gewertet werden

Haltungstabus

Auch unsere Haltung kann Bände sprechen. Es gibt einige Sitz- und Stehhaltungen, die Sie unbedingt vermeiden sollten.

Typ	Mögliches Signal an den anderen
Wippen mit den Füßen	Wirkt gelangweilt, nervös, unruhig
Von einem Bein auf das andere treten	Wirkt nervös, ungeduldig
Mit den Füßen auf den Boden klopfen	Wirkt ungeduldig und vor allem in Meetings, wenn andere gerade sprechen, unhöflich
Beine übereinandergeschlagen, den Oberschenkel und Po zum Gesprächspartner, Oberkörper abgewandt	Signalisiert dem anderen: »Ich will nichts mit Ihnen zu tun haben.«
Sich in einer Runde so stellen, dass Sie mit dem Rücken zu einem anderen stehen	Signalisiert dem, der Ihren Rücken sieht: »Die anderen interessieren mich, du jedoch nicht.«
Sich auf den Schreibtisch eines anderen setzen, während dieser auf seinem Stuhl sitzt	Könnte der andere als unangenehme Dominanzgeste deuten oder als Grenzverletzung
Zu dicht vor, im Rücken oder neben einem anderen stehenbleiben	Wirkt auf den anderen als ganz besonders unhöfliche Grenzverletzung (zu den sog. Distanzzonen siehe das Kap. »Der Handschlag«)
In viel frequentierten Durchgängen oder Ein- und Ausgängen einfach stehenbleiben	Wirkt auf diejenigen rücksichtslos, die sich an Ihnen vorbeiquetschen müssen

Essen und Feiern

Wir essen jeden Tag mindestens drei Mal – und doch sind viele unsicher, wenn es darum geht, mit Kollegen, Kunden oder dem Chef eine Mahlzeit einzunehmen. Vor lauter Angst, alles falsch zu machen, können sie das Essen nicht genießen. Das muss nicht sein, wenn man die wesentlichen Benimmregeln kennt.

In diesem Kapitel erfahren Sie u. a.,

- wie Sie ein Geschäftsessen im Restaurant meistern,
- was Sie in der Kantine beachten sollten,
- warum Stehempfänge ganz eigenen Regeln folgen.

Die Einladung zum Essen

Die Deutschen sind weltweit dafür bekannt, dass sie lieber getrennt zahlen, statt sich abwechselnd gegenseitig einzuladen. Woanders macht man sich darüber ein wenig lustig. Getrennt zu zahlen hat im Geschäftsleben allerdings einen großen Vorteil: Sie kommen hinterher nicht in Schwierigkeiten mit den Compliance-Regeln Ihres Unternehmens. Zwar werden solche Bestimmungen immer strenger, allerdings ist es im Geschäftsleben immer noch gang und gäbe, sich zum Essen einzuladen. Erkundigen Sie sich am besten vorab, was in Ihrem Unternehmen üblich ist.

Je nachdem, ob Sie Einladender oder Gast sind, gilt es, verschiedene Benimmregeln zu beachten.

Wenn Sie vorhaben jemanden einzuladen, sollten Sie ihm dies vor dem Essen deutlich mitteilen. Achten Sie auf präzise Wortwahl, damit keine Missverständnisse entstehen.

BEISPIEL

Thomas Müller ist nun seit drei Jahren im Unternehmen. Dr. Maier, sein Chef, hat ständig mit ihm zu tun, jedoch kennt er ihn noch nicht sehr gut persönlich. Langfristig soll eine Führungsposition umbesetzt werden. Dr. Maier kann sich Herrn Müller bestens dafür vorstellen. Er will bei einem gemeinsamen Essen herausbekommen, welche Zukunftspläne Herr Müller hat. Dr. Maier spricht ihn an: »Herr Müller, ich habe etwas mit Ihnen zu besprechen und möchte Sie gerne zum Lunch ins Roma einladen. Haben Sie übermorgen um 13.00 Uhr Zeit?«

Bei einem Kunden formuliert Herr Dr. Maier seine Einladung anders.

BEISPIEL

Während eines Meetings, in dem es um einen großen Auftrag geht, sagt Herr Dr. Maier zu der Vertreterin des Kunden: »Frau Schmidt, die Besprechung zieht sich nun doch länger hin als erwartet. Haben Sie Zeit, gemeinsam eine Kleinigkeit essen zu gehen? Es gibt fünf Gehminuten von hier entfernt ein italienisches Restaurant mit einer ausgezeichneten Lunchkarte.« Frau Schmidt: »Ja, gerne, danach können wir weiterarbeiten.« Herr Dr. Maier: »Darf ich Sie dazu einladen?« Frau Schmidt kann dann sagen: »Danke nein, meine Firma zahlt mein Essen!«, oder Frau Schmidt nimmt die Einladung an und sagt: »Gerne, vielen Dank, das nächste Mal möchte ich Sie einladen.«

Auf dem Weg

Höhergestellte Personen, also auch Kunden, gehen immer rechts von einem selbst. Diese Sitte stammt noch aus einer Zeit, in der man sich nur bewaffnet in der Öffentlichkeit bewegte. Nur linksstehend konnte man das Schwert mit der rechten Hand ziehen, wenn Gefahr drohte.

Nur, wenn rechts eine stark befahrene Straße oder etwas anderes Gefährliches ist, sollte man eine Ausnahme von dieser Regel machen.

Mit dem PKW unterwegs

Seit Erfindung der Zentralverrieglung wird im Business niemanden mehr die Autotür aufgehalten, es sei denn, Sie sind Vorstands-Chauffeur. Der beste Platz im Taxi oder eben in Wagen mit Chauffeur ist der hintere rechte Sitz, danach folgt der linke hintere Sitz und zuletzt der Beifahrerplatz. Wenn Sie mit einem Kollegen zu zweit unterwegs sind, sitzen beide vorne.

Der Weg ins Lokal

Beim Lokal angekommen, öffnet der Gastgeber die Tür zum Restaurant und lässt seinen Gast zuerst hinein. Der Gast bleibt hinter der Tür rechts stehen und wartet, bis der Einladende die Tür hinter sich schließt. Danach gehen beide nebeneinander, wieder der Gast rechts vom Gastgeber, zum Restaurantchef bzw. Serviceleiter, der bereits aufmerksam parat steht, um die beiden zu begrüßen, ihnen die Mäntel abzunehmen und sie zum Tisch zu führen. Im Business zieht jeder seinen Mantel selbst aus und an.

Der Weg durch das Restaurant zum Tisch wird immer schweigend im Gänsemarsch zurückgelegt, um die bereits anwesenden Gäste nicht zu stören. Der Gast geht in diesem Fall in der Mitte. Treffen Sie im Lokal Bekannte, die dort auch essen, werden diese nur durch Kopfnicken, maximal durch dezentes Winken begrüßt. Bleiben Sie auf keinen Fall an deren Tisch stehen – Sie zwingen sonst Ihren Gast, auf Sie zu warten, was unhöflich ist.

> Versuchen Sie immer vorher einen Tisch zu reservieren, damit Sie gute Plätze bekommen. Seien Sie dann unbedingt pünktlich. Zu spontanen Essen ohne Reservierung suchen Sie nicht planlos nach einem Tisch, der frei ist oder dies bald werden könnte, sondern wenden Sie sich an den Serviceleiter, um sich einen Tisch zuweisen zu lassen. In einem Fast-Food-Restaurant werden Sie niemanden finden, der Sie zum Tisch führt. Deshalb geht hier der Gastgeber vor dem Gast durch das Lokal, um einen geeigneten Tisch zu finden.

Im Restaurant

Sind mehrere Gäste eingeladen, bietet sich ein Aperitif an der Bar des Restaurants an, um die Zeit zu überbrücken, bis alle Gäste anwesend sind. Dort findet dann auch die Begrüßung statt, korrekt mit Handschlag im Stehen. Man kann dann, wenn alle eingetroffen sind, gemeinsam zum reservierten Tisch gehen.

Der Aperitif

Beim Aperitif wird, wenn alle Gäste anwesend sind, klassisch ein Toast vom Gastgeber ausgesprochen. Legen Sie sich rechtzeitig etwas Passendes zurecht, wie z.B. »Ich freue mich sehr, dass nun doch alle Zeit gefunden haben und meiner Einladung gefolgt sind«.

Noch nicht ganz ausgetrunkene Aperitifs werden nicht durch das Restaurant getragen. Ein guter Gastgeber informiert 2 bis 3 Minuten vor dem Aufbruch, dass man nun gleich zum Tisch gehen werde. Damit gibt er seinen Gästen die Gelegenheit, die Aperitifs zu leeren.

Am Tisch

Am Tisch angekommen fragt der Service, ob Ihnen der Tisch gefällt. Nur in absoluten Ausnahmefällen, also aus triftigem Grund, dürfen Sie als Gastgeber monieren – als Gast sollten Sie das auf keinen Fall tun. Der Gast bekommt den besten Platz und darf vor dem Gastgeber Platz nehmen.

Nehmen Sie innerhalb der nächsten 30 Sekunden nach dem Setzen Ihre gefaltete Serviette, öffnen Sie sie und legen Sie sie dreimal zum Rechteck gefaltet rechts neben Ihr Besteck. Das zeigt dem Service, dass Sie bereit sind für einen Blick in die Speisekarten.

Die Bestellung des Essens

Ein aufmerksamer Gastgeber informiert seinen Gast darüber, was in diesem Restaurant besonders gut ist oder was er sich selbst bestellen wird. Das gibt dem anderen ganz nebenbei den dezenten Hinweis darauf, in welchem Preissegment er wählen darf. Zudem wird damit geklärt, welches Zeitfenster der Gastgeber für das Essen eingeplant hat.

Zeit für mehrere Gänge hat man meist nur am Abend. Bestellt der Gastgeber mehrere Gänge, sollten Sie es ihm gleichtun, damit er nicht alleine essen muss.

Während des Blicks in die Speisekarten wird möglichst nur über die Wahl der Gerichte gesprochen, damit der Kellner nicht öfter an den Tisch kommen muss und die Bestellung zügig aufnehmen kann. Schließen Sie die Speisekarte, ist das das Zeichen für den Service, dass Sie gewählt haben. Während des Bestellvorgangs dürfen Sie die Karte gerne noch einmal öffnen, um sie als Spicker zu benutzen.

Wählen Sie ein Gericht von der Karte. In erstklassigen Restaurants richtet sich der Gast nach dem Koch und nicht umgekehrt. Es ist dort eine Beleidigung an den Chefkoch, ein Gericht verändert zu bestellen.

Etwas anderes gilt bei Allergien, Unverträglichkeiten oder religiösen bzw. ernährungstechnischen Einschränkungen: Zu Einladungen, bei denen ein Menü geplant ist, wird der aufmerksame Gastgeber darum bitten, etwaige Besonderheiten mit der Zusage zu nennen, so z.B. eine Glutenunverträglichkeit. Wenn à la carte gegessen wird, sollte der Gast vorsichtshalber seine Unverträglichkeiten beim Bestellen zusätzlich mit dem Service besprechen und sich bereits ein alternatives Gericht herausgesucht haben, falls die Abänderung der ersten Wahl dem Koch zu viele Umstände bereitet.

Ist ein Menü geplant, entfällt die Bestellung des Essens. Hier dürfen Sie dann jedoch die Getränke wählen. Sie finden die Getränkeauswahl in der Regel links auf den Menükarten.

Die Bestellung der Getränke

Ob Bier oder Wein zum Essen getrunken wird, wird erst nach der Wahl der Gerichte bestimmt. Als Erstes wird Mineralwasser bestellt. Der Gast darf entscheiden, ob das Wasser mit oder ohne Kohlesäure sein darf. Alkohol ist bei einem Geschäftsessen nur zum Dinner abends zu empfehlen. Süße Softgetränke zum Essen zu trinken, gilt vor allem in gehobenen Restaurants als stillos. Sie beleidigen damit den Koch, weil die Süße des Getränks den Geschmack des Essens verfälscht. Je billiger das Essen, desto eher können Sie sich Saft oder Cola bestellen.

Als Gastgeber bekommen Sie die Weinkarte überreicht. Holen Sie sich ruhig zusätzlichen Rat vom Service, Sommelier oder von versierten Gästen. Ist Ihr Budget für das Geschäftsessen beschränkt, stellen Sie nur zwei bis drei Weine zur Auswahl, die preislich für Sie okay sind. Ob Bier getrunken wird, bestimmt der Gastgeber. Er spricht sich dafür aus, indem er fragt: »Möchten Sie lieber Bier trinken?« Als Gast von sich aus Bier zu verlangen, ist kein guter Ton.

Die Serviette

Sobald Brot, ein Amuse-Gueule, das ist ein kostenloser Gruß aus der Küche, um die Wartezeit zu verkürzen, oder der erste Gang serviert wird, ist der Zeitpunkt, gekommen, die Serviette als Rechteck einmal gefaltet mit der Öffnung zum Körper auf Ihren Schoß zu legen. Bei einem vorbereiteten Menü legen Sie bereits nach dem Einschenken der Getränke die Serviette auf den Schoss. Der Service erkennt daran, dass er mit dem Servieren, dem Einsetzen, beginnen kann.

Bevor Sie trinken, sollten Sie Ihre Serviette benutzen. Führen Sie sie dazu mit deren Innenseite zum Mund und tupfen sie ihn damit ab. So bleibt die sichtbare Außenseite sauber.

Frauen, die intensivfarbigen Lippenstift aufgelegt haben, tupfen ihre Lippen vorher etwas mit einem Einwegtuch in der Toilette ab, denn die Farbpigmente lassen sich kaum mehr aus Stoffservietten waschen. Zudem bleibt dann auch der Glasrand beim Trinken fettfrei.

Den Wein eröffnen

Erst wenn jeder eingeschenkt bekommen hat, wird der Gastgeber den Wein eröffnen. Das geht so:

- Heben Sie Ihr Glas an, blicken Sie in die gesamte Runde und sprechen Sie, falls Sie das noch nicht beim Aperitif getan haben, einen Toast aus: »Schön, dass Sie alle Zeit gefunden haben«, oder: »Auf einen gelungenen Abschluss des Projekts!«
- Sagen Sie danach: »Zum Wohle«, oder: »Prosit«. Nehmen Sie einen kleinen Schluck, blicken Sie dann noch einmal kurz alle Gäste an und heben Sie gleichzeitig das Glas leicht an, bevor Sie es wieder absetzen.

- Ab jetzt darf jederzeit getrunken werden, außer wenn eine neue Sorte Wein zu einem anderen Gang geöffnet wird. Im Restaurant und im Sitzen werden die Gläser übrigens nicht aneinandergestoßen.

> »Prost« oder »Zum Wohl« gehört ins Wirtshaus, an den Stammtisch oder auf Volksfeste. Und nur dort wird auch zum Trinken animiert, indem man immer wieder miteinander anstößt.

Das Essen

Man wünscht sich nicht gegenseitig »Guten Appetit«. Dies tut nur der Service oder der Koch. Nach jedem Gang wird der Tisch erst abgeräumt, wenn alle fertig sind. Das ist ein Grund, das eigene Esstempo an das der Gäste anzupassen, um den optimalen zeitlichen Ablauf nicht zu gefährden. Der Gastgeber beginnt als Erster mit dem Essen und wird als Letzter fertig.

Der Gastgeber sollte den Gast fragen, ob es ihm schmeckt. Denn in vornehmen Restaurants wird der Service während jedes Gangs nach circa 30 Sekunden nur den Gastgeber fragen, ob alles in Ordnung ist.

Während des Essens sollte niemand den Platz verlassen. Erst nach dem letzten Gang ist es erlaubt, z. B. eine Rauchpause einzulegen oder die Toilette aufzusuchen, um sich die Lippen nachzuziehen. Nur in dringenden Ausnahmefällen dürfen Sie den Tisch zwischen den Gängen verlassen. Die Serviette legen

Sie während Ihrer Abwesenheit locker gefaltet links neben Ihr Gedeck. Hier ist nun genügend Platz, denn der Brotteller wurde bereits nach der Vorspeise abgeräumt. Wenn Sie den Tisch verlassen, sagen Sie Ihrem Sitznachbarn Bescheid, wohin Sie gehen.

Nach dem Dessert legen Sie die Serviette rechts neben Ihren Platz auf den Tisch. Sie wird vom Service in einem weiteren Rundgang um den Tisch entfernt. Die Serviette wird nicht auf dem Stuhl abgelegt, falls Sie nach dem Dessert zur Toilette gehen.

> Frisurkorrekturen, Lippen nachziehen, der Zahn-Check – dies und alles weitere, was mit Hygiene und Kosmetik zu tun hat, gehört nicht an den Tisch.

Ein guter Gastgeber achtet darauf, dass seine Gäste immer genügend zu trinken haben. Erst gegen Ende des Essens wird nicht mehr nachgeschenkt und es werden keine weiteren Flaschen Mineralwasser und Wein mehr nachbestellt, um das Aufbrechen einzuläuten.

Die Rechnung

Stilvoll zahlt man direkt beim Service und nicht am Tisch. Als Gastgeber entschuldigen Sie sich dazu kurz bei Ihrem Gast mit den Worten: »Einen Augenblick, bitte. Ich bin gleich wieder für Sie da.« Falls man Sie bzw. Ihr Unternehmen kennt, können Sie sich die Rechnung auch zuschicken lassen. Wenn Sie zufrieden waren, vergessen Sie nicht, Trinkgeld von bis zu 10 % möglichst in bar zu geben.

Beim Verlassen des Restaurants geht der Gast vor dem Gastgeber, denn er kennt nun den Weg nach draußen. Der Gast bleibt rechts neben der geschlossenen Tür stehen, denn die Türe öffnet der Gastgeber oder der aufmerksame Service.

Wer sitzt wo? Platzierung der Gäste

Der Gast wird sich zuerst setzen. Er bekommt den besten Platz angeboten. Keine Regel ohne Ausnahme: Wenn zwischen dem Gast und dem Gastgeber die Hierarchiestufen weit auseinanderliegen, dann bekommt der Höhergestellte den besseren Platz, auch wenn er Gastgeber ist.

Der Gastgeber bietet seinem wichtigsten Gast den besten Platz an. Danach werden die weiteren Gäste platziert, jeweils mit einem Mitarbeiter des eigenen Unternehmens dazwischen.

Welches nun der beste Platz ist, hängt von vielen verschiedenen Faktoren ab: von der Lage des Eingangs und der Wände, der Aussicht, den Durchgängen, der Tischgröße, Tischform, Sonneneinstrahlung, der Nähe zu anderen Tischen und der Personenanzahl.

Kriterien für beste Plätze
Mit dem Rücken zur Wand
Mit Blick zum Eingang
An der Stirnseite einer großen Tafel
Am Rand einer Sitzbank
Im 90°-Winkel rechts vom Gastgeber
Gegenüber vom Gastgeber
Mit dem besten Blick bei Aussichtslagen

In der Kantine

In Kantinen zu essen ist keine hohe Kunst, jedoch gilt es auch hier ein paar Regeln zu beachten.

- Betreten Sie die Kantine gemeinsam mit einem Kollegen, der in der Hierarchie höher steht als Sie, sollten Sie ihm sowohl an der Tür zur Kantine als auch in der Schlange am Tresen den Vortritt lassen. Essen Sie gemeinsam, ist es ebenfalls der Höherrangige, der den Tisch wählen und sich zuerst setzen darf.
- »Guten Appetit« wünscht man sich entgegen einer weitverbreiteten Ansicht nicht – das ist Aufgabe des Service oder des Kochs, von Personen also, die indirekt oder direkt dafür verantwortlich sind, dass es schmecken wird. In der Kantine ist es das Personal am Ausgabetresen.
- Der Höherrangige beginnt zuerst zu essen. Legen Sie sich nicht allzu viel auf die Gabel oder den Löffel, um Ihrem Gegenüber möglichst schnell mit leerem Mund antworten zu können.

- In Kantinen dürfen Sie, auch wenn Sie gemeinsam begonnen haben zu essen, sitzenbleiben, obwohl der andere aufsteht. Nur in Restaurants muss man gemeinsam aufbrechen. Hüten Sie sich jedoch davor, sich an den Überresten eines fremden Tellers zu bedienen, denn naschen ist nicht erlaubt. Das ist ein absolutes No-Go.
- Nehmen Sie nicht einfach auf einem freien Stuhl Platz. Fragen Sie zuerst, ob am Tisch noch Plätze frei sind.
- In günstigen Einrichtungen wie Mitarbeiterkantinen und Restaurants ohne Service räumt man sein Tablett selbst zum Ablageplatz. Man verlässt den Platz so, wie man ihn vorzufinden wünscht. Der Stuhl wird platzsparend unter den Tisch geschoben.

Tischmanieren: alte Sitten, die heute noch wichtig sind

BEISPIEL

Thomas Müller sitzt zusammen im Restaurant mit seinem Chef, Dr. Meier. Noch vor dem Essen haben sich beide angeregt unterhalten, doch seit der Suppe ist Dr. Meier zunehmend einsilbiger geworden. Er beobachtet Herrn Müller aufmerksam beim Essen. Dieser stützt beim Löffeln den einen Ellenbogen auf und hängt mit dem Gesicht fast im Suppenteller. Als der Hauptgang serviert wird, ist Dr. Meier entsetzt: Sein Mitarbeiter schneidet alles in kleine Stücke, legt das Messer zur Seite und schaufelt sich dann alles mit der Gabel in den Mund. »Den kann ich nicht auf Kunden loslassen. Das schadet ja unserem Image!«, denkt sich Dr. Meier und spricht die Beförderung, die er im Sinn hatte, gar nicht erst an.

Dieses zugegebenermaßen etwas dick aufgetragene Beispiel zeigt: Tischmanieren können durchaus karriereentscheidend sein. Vor allem, wenn Sie viel Kundenkontakt haben und an Geschäftsessen teilnehmen werden, achten Ihre Vorgesetzten durchaus auch auf Ihre Umgangsformen bei Tisch.

Die richtige Haltung

Während Sie essen, sollte der Abstand zwischen Körper und Tisch gerade so groß sein, dass eine mittelgroße Katze auf Ihrem Schoß sitzen könnte, und zwischen Rücken und Lehne eine Maus nicht erdrückt würde. Wenn Sie diesen Abstand einhalten, sitzen Sie automatisch gerade und haben den richtigen Winkel, um mit dem Kopf ein wenig nach vorne zu kommen, wenn Sie Löffel und Gabel zum Mund führen. In Cafés oder Bars müssen Sie nicht ganz so nah am Tisch sitzen. Hier dürfen Sie sich nach hinten anlehnen und sogar den Stuhl etwas schief zum Gesprächspartner stellen.

Achten Sie darauf, dass der Service rechts genügend Platz hat, um Ihnen die Speisen zu servieren. Lehnen Sie sich ein wenig zurück, behalten Sie Ihre Hände unten, stellen Sie Ihre Tasche nicht in den Weg.

Unterarme und Ellbogen berühren, zumindest so lange Sie essen und der Teller noch nicht abgeräumt ist, nicht die Tischplatte. In vornehmer Gesellschaft gilt dies sogar während des gesamten Essens auch zwischen den Gängen. Beide Hände sind bis zum Puls oberhalb des Tisches, auch dann, wenn Sie nur eine Suppe essen.

Gläser mit Stiel werden am Stiel und nicht am Glaskörper angefasst; dabei spreizt man nicht den kleinen Finger ab.

Die Anordnung der Teller und Gläser

Das französische Hofzeremoniell, das weltweit nach wie vor als die vornehmste Art zu speisen gilt, sieht rechts drei Gläser für Wasser, Weißwein und Rotwein und auf der linken Seite neben dem Besteck einen kleinen Brotteller mit Dessertmesser oder Butterstreicher vor. Auch das Besteck für alle vorgesehenen Gänge liegt bereit. Es kommt von außen nach innen zum Einsatz. Das Dessertbesteck liegt zu Beginn noch über dem Teller auf 12 Uhr und wird, kurz bevor der Nachtisch serviert wird, vom Service nach unten genommen.

Den Aufstrich für das Brot nehmen Sie mit dem hoffentlich vorhandenen Vorlegebesteck, ansonsten dürfen Sie nur einmal mit Ihrem kleinen Dessertmesser in den Aufstrich tauchen.

Die Besteckführung

In Kontinentaleuropa hält man das Besteck in den Handflächen, was man auch die Versteckte-Griff-Methode nennt. Der Zeigefinger liegt in der Mitte des Bestecks oben auf. Die Gabel wird in der Hand gedreht, je nachdem, ob Sie Gespießtes oder auf die Gabel Geschobenes zum Mund führen.

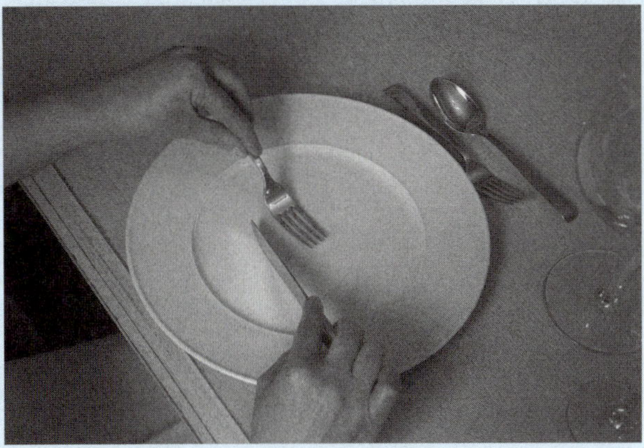

Die richtige Besteckführung

Linkshänder dürfen das Besteck diskret wechseln; das Glas sollte dem Service zuliebe jedoch rechts stehen bleiben.

Die richtige Besteckführung sieht nicht nur gut aus. Sie sendet auch aussagekräftige Signale an den Service, ob etwas für ihn zu tun ist. Sie gibt z. B. Auskunft darüber, ob der Gast eine Essenspause einlegt oder fertig ist oder ob er Nachschlag will.

- Während Sie trinken oder sprechen, also bei Essenspausen, legen Sie das Besteck auf 20 nach 7. Nehmen Sie nichts Neues auf die Gabel, wenn Sie eine Frage gestellt bekommen. Wenn Sie länger ausholen, legen Sie das Besteck sogar ab, während Sie antworten. Der Löffel wird auf dem Unterteller der Suppentasse abgelegt.

- Ist Nachschlag vorgesehen – Sie erkennen das z. B. an Speisen auf Wärmeplatten –, dann signalisieren Sie Ihren Wunsch nach mehr Essen, indem Sie das Besteck auf Ihrem Teller überkreuzt ablegen. In diesem Fall kommt der Service zum Nachlegen von links, weil Ihnen und ihm dort nicht die Gläser im Weg stehen.
- Sobald das Besteck benutzt wurde, darf es nicht mehr die Tischdecke berühren. Auch die Griffe sollten nicht aufliegen. Legen Sie also nicht wie bei einem Boot die Paddel über Bord, es könnte Sauce herunterlaufen.
- Legen Sie Ihr Besteck auf 20 nach 5, bedeutet das: »Ich bin fertig«.

> Nehmen Sie das Messer nie höher als 5 Zentimeter über den Teller. Die Messerschneide eines abgelegten Messers zeigt grundsätzlich zu Ihnen und niemals zu Ihrem Tischnachbarn. Das gilt vor, während und nach dem Essen.

So meistern Sie schwierige Gerichte

Es gibt Gerichte, die schwer zu essen sind, vor allem, wenn man nervös ist. Aber auch hier gibt es Regeln, die Orientierung geben.

Schwierige Gerichte formvollendet meistern	
Suppe im Teller	Von sich weg löffeln, der Teller wird nicht gekippt.
Suppe in Suppentasse	Bei klaren Suppen darf der Rest ausgetrunken werden. Dazu führen Sie die Tasse mit beiden Händen zum Mund. Bei Cremesuppen gilt das nicht!
Salat	Muss nach neueren Knigge-Regeln nicht mehr gefaltet, sondern darf geschnitten werden.
Kartoffel	Darf mittlerweile geschnitten werden. Allerdings hält vorhandene Soße besser, wenn die Kartoffel mit der Gabel geteilt wird.
Knödel/Klöße	Dürfen und sollten gezupft werden, dann hält die Soße besser.
Spaghetti	Werden nicht im Löffel, sondern im Teller gedreht. Nicht mehr als 2 bis 3 Spaghetti pro Gabel aufnehmen!
Pizza	Darf, muss aber nicht mit der Hand gegessen werden. Essen Sie sie mit der Hand, schneiden Sie sie nach und nach in Achtel.
Oliven	Mit kleinen Spießen; Kern mit der Gabel aus dem Mund befördern.
Brot zur Vorspeise	Wird in mundgerechte Häppchen gebrochen und einzeln bestrichen. Der Aufstrich wird auf dem Rand des kleinen Brottellers zwischengelagert.
Brot und Brötchen zum Frühstück oder Abendbrot	Wird zunächst belegt, danach halbiert oder geviertelt und dann mit der Hand gegessen.
Geflügel	Mit Besteck, auch den Schlegel und den Flügel. Nur die Wachtel darf mit den Fingern gegessen werden.
Hummer am Stück	Mit den Händen und entsprechendem Besteck. Nutzen Sie die dazu gereichte Finger-Bowl mit Zitrone und die Servietten, um sich die Hände zu reinigen.

Schwierige Gerichte formvollendet meistern	
Garnelen	Mit Besteck, Gabel zum Festhalten, Messer zum Abtrennen der Schale.
Spareribs	Achtung: Nicht für ein Geschäftsessen geeignet! Mit den Händen. Nutzen Sie die dazu gereichte Finger-Bowl und die Servietten, um sich die Hände zu reinigen.
Burger mit Beilagen	Mit Besteck. Den Burger nicht auseinanderbauen.
Fast Food	Mit den Händen.
Cappuccino und andere Milchkaffees	Nur zum Frühstück und vor 12 Uhr.
Espresso oder Kaffee	Jederzeit und nach dem Essen.
Frühstücksei	Gekonnt köpfen oder mit dem Löffel das obere Drittel der Schale zerklopfen, mit den Fingern die Schale entfernen und im Eierbecher verstauen. Zum Essen Eierlöffel benutzen.
Trauben am Büfett	In Portionen von 4 bis 6 einzelnen Beeren nehmen. Falls nicht von der Küche vorportioniert, auf keinen Fall einzeln herauszupfen.
Litschi, Physalis und Ähnliches	Schale und/oder Stumpf mit den Fingern entfernen.
Erdbeere mit oder ohne Grün bei Tisch	Mit Messer und Gabel.
Größeres Obst bei Tisch	In mundgerechte Stücke schneiden oder brechen, nicht von der ganzen Frucht abbeißen.
Nüsschen zum Cocktail	Nur per Schüttvorrichtung oder kleinem Löffel auf die Hand geben. Nicht mit den Fingern in das Schälchen greifen.
Chips	Einzeln mit Daumen und Zeigefinger.

Reichen Sie Brot, Aufstrich Salz und Pfeffer oder Platten nicht querbeet über den Tisch, sondern entweder im oder entgegen des Uhrzeigersinns. Nehmen Sie sich niemals als Erster, lassen Sie Ihren Nachbarn den Vortritt.

Stehempfänge

Networking wird im Geschäftsleben großgeschrieben. Daher sind auch Stehempfänge so beliebt, denn bei keinem Event sonst kommt man in kurzer Zeit mit so vielen Menschen ins Gespräch.

- **Zu- oder Absage:** Werden Sie zu einem solchen Empfang eingeladen, halten Sie sich, auf den Tag genau, an die Antwortfrist zur Zu- oder Absage. Halten Sie den Gastgeber also nicht hin. Betrachten Sie Ihre Zu- oder Absage als absolut verbindlich.
- **Dresscode:** Zu formellen Stehempfängen werden Sie nach Ihrer Zusage die weiteren Details über das Programm und den Dresscode erhalten. Wenn es sich um ein ungezwungenes Get Together handelt, gilt meist der Dresscode »Come as you are«. Das bedeutet, Sie erscheinen dort in Ihrem Büro-Outfit. Sie brauchen sich also nicht extra umzuziehen. Machen Sie nicht den Fehler, in Jeans und T-Shirt zu erscheinen, falls Sie aus dem Homeoffice kommen.
- **Ankunft:** Seien Sie unbedingt pünktlich, sonst versäumen Sie die Begrüßungen und die Eröffnungsrede. Sie sollten nicht später als 10 bis 15 Minuten nach der angegebenen Zeit

erscheinen. Nachzügler finden im Übrigen kaum mehr den Anschluss zu den bereits Anwesenden. Sie kommen weitaus schwieriger ins Gespräch. Falls es eine Gästeliste gibt, melden Sie sich am Empfang an. Es kann sein, dass man hier nach Ihrer Visitenkarte fragt, um Sie eindeutig zuordnen zu können.

- **Während des Empfangs:** Betreten Sie den Raum und bleiben Sie ein bis zwei Meter neben dem Eingang kurz stehen. Lächeln Sie und scannen Sie dabei den gesamten Raum. Gehen Sie dann in die Mitte des Raumes, um sich einen Überblick zu verschaffen, wen Sie zuerst begrüßen wollen. Der Gastgeber oder einer der Gastgeber wird sich Ihrer annehmen, sobald er Zeit hat. Gehen Sie am besten immer allein zu solchen Veranstaltungen. Begleiter könnten Sie davon abhalten, mit anderen ins Gespräch zu kommen. Wenn Sie von jemandem in die Gesellschaft eingeführt werden, agieren Sie so bald wie möglich souverän und eigenständig, damit Ihre Begleitung auch neue Kontakte knüpfen und inspirierende Gespräche führen kann.
- **Die Vorstellung:** Begrüßen Sie alle Personen, zu denen Sie Kontakt aufnehmen, mit Handschlag und Bekannte mit Namen. Stellen Sie andere Ihnen bekannte Personen mit Namen vor, am besten mit der Frage: »Kennen Sie sich bereits?«, oder: »Darf ich vorstellen: Herr ... von der ..., Frau ... vom ...«
- **Essen und Getränke:** Stehempfänge dienen nicht dazu, sich satt zu essen. Werden vom Service Platten mit kleinen Häpp-

chen gereicht, sollten Sie sich davon nur sehr zurückhaltend nehmen. Gibt es ein Büffet, an dem Sie sich selbst bedienen sollen, warten Sie, bis es vom Gastgeber offiziell für eröffnet erklärt wird. Nehmen Sie sich auch davon nur in kleinen Mengen. Gehen Sie lieber öfter, anstatt Ihren Teller zu voll zu laden.

- **Am Ende:** Gehen Sie nicht als Erster und nicht als Letzter. Wenn Sie einer der Ersten sind, der gehen muss, verabschieden Sie sich nur beim Gastgeber, den unmittelbar herumstehenden und den Ihnen bekanntesten Personen, um keine Aufbruchstimmung zu erzeugen. Bedanken Sie sich bereits bei der Verabschiedung für die Einladung.
- **Nach dem Empfang:** Bedanken Sie sich ein paar Tage später ein zweites Mal für die Einladung und das gelungene Event. Je formeller die Gesellschaft und das Ambiente waren, desto ausführlicher sollte das Dankesschreiben sein. Hier kann es geboten sein, sich nicht nur per E-Mail, WhatsApp oder telefonisch, sondern sogar mit einem Brief zu bedanken.

> Nur zu besonderen Gelegenheiten, bei nicht mehr als acht Personen, nur im Stehen, mit gleichen Gläsern und zeitgleich stößt man an.

Stilsicher feiern mit Kollegen

Ob Einstand, Geburtstag, Beförderung, erfolgreicher Projektabschluss, Geschäftseröffnung, Neubaueinweihung, Firmen-, Dienst- oder Arbeitsjubiläum, Weihnachtsfeier, Ausstand – beruflich gibt es jede Menge Gelegenheiten zu feiern. Man unterscheidet Pflichtveranstaltungen, Feiern mit freiwilliger Teilnahme, Feste während oder nach der Arbeitszeit. So verschieden die Anlässe und Typen von Feiern sind, für alle gilt aus Knigge-Sicht:

- Nehmen Sie unbedingt daran teil.
- Ergreifen Sie ab und zu selbst die Initiative und laden Sie zu kleinen Feiern ein, so z. B. zu einem Umtrunk anlässlich Ihres Geburtstags oder Ihrer Beförderung.
- Feiern Sie mit Kollegen und Vorgesetzten grundsätzlich anders, als Sie es privat tun.

Der Einstand

- Kommen Sie erst einmal ein paar Tage in der neuen Abteilung oder im Unternehmen an, warten Sie aber nicht zu lange mit dem Einstand.
- Achten Sie darauf, dass möglichst viele Kollegen anwesend sein können. Ein Freitag kann z. B. ungeeignet sein, weil einige der Kollegen dann vielleicht früher Feierabend machen wollen.
- Ihr Chef muss als Erster von Ihrem Vorhaben erfahren. Bei dieser Gelegenheit laden Sie ihn natürlich gleich ein und fühlen vor, welcher Tag und welche Tageszeit geeignet sind. Es gibt Zeiten, an denen die Kollegen den Kopf nicht frei für einen Einstand haben, oft ist das zum Anfang der Woche der

Fall. Auch in heißen Projektabschlussphasen kann eine Feier ungelegen kommen.

- Die Feier sollte nicht länger als 30 Minuten, besser nur 20 Minuten dauern. Kündigen Sie dieses Zeitfenster bereits bei der Einladung an.
- Laden Sie jeden persönlich ein; eine Rund-Mail ist zwar praktisch, erfüllt diesen Zweck jedoch nicht.
- Laden Sie mindestens das ganze Team und, wenn es nicht zu viele sind, sogar die ganze Abteilung ein. Grenzen Sie niemanden aus, auch nicht die Führungskräfte.
- Der Arbeitsplatz bzw. das eigene Büro eignet sich schon allein wegen der Atmosphäre, Hygiene und des Arbeitsschutzes meist nicht als Ort für die Feier. Erkundigen Sie sich bei Kollegen: Gibt es Meetingräume, das Casino in der Kantine oder Terrassen bzw. Kaffeeküchen, die für eine Feier genutzt werden können?
- Bieten Sie Kaffee, Tee, Mineralwasser und Softgetränke, salziges und süßes Fingerfood, handliches Gebäck bzw. geschnittenes Obst an. Da die Geschmäcker und Unverträglichkeiten nun mal unterschiedlich sind, sollten Sie nicht nur eine Speise, sondern eine kleine Auswahl an Imbissen anbieten. Fahren Sie auch nicht zu viel auf, das wirkt angeberisch.
- Frauen, die Karriere machen wollen, rate ich gerne, das Fingerfood nicht selbst zuzubereiten. Vor allem in konservativen Unternehmen wird man dann allzu schnell in Hausfrauenrolle gesteckt.

- Die Anwesenden sollten leicht mit jedem ins Gespräch kommen und sich frei bewegen können. Hier sind Teller und Besteck hinderlich. Bieten Sie daher Fingerfood an, das man mit der Serviette in der Hand bewältigen kann.
- Das Essen steht auf einem Tisch, so ähnlich wie bei einem Büfett. Ganz wichtig ist, dass Sie als Gastgeber das Büfett eröffnen und sich auch als Erster nehmen. In dieser Runde ist es das passendste, wenn man sagt »Greifen Sie zu!«
- Es wird von Ihnen erwartet, dass Sie zu Beginn Ihres Einstands eine kurze Rede halten. Sie sollte nicht länger als 90 Sekunden sein. Überlegen Sie genau und üben Sie vorher, was Sie dem neuen Kollegenkreis mitteilen möchten. Neben Ihrem Namen können Sie z. B. kurz auch Ihren Werdegang nennen. Beendet wird dieser »Pitch« am besten mit: »Hat jemand noch eine Frage?«
- Bleiben Sie ganz natürlich und authentisch. Ziehen Sie sich an diesem Tag nur eine kleine, fast unmerkliche Nuance besser an als sonst.
- Gehen Sie auf die anderen möglichst offen zu. Zeigen Sie Präsenz und kommen Sie mit möglichst vielen Kollegen kurz ins Gespräch. Beziehen Sie auch Introvertierte ein.
- Als Gastgeber sind Sie derjenige, der die Aktion pünktlich auf die Minute beendet, indem Sie laut die Schlussworte sprechen, z. B.: »Es freut mich sehr, dass Sie alle da waren.«
- Auszubildende geben in der Regel keinen Einstand. Allerdings bietet es sich für sie an, als Gruppe nach den bestandenen

Abschlussprüfungen abends außer Haus einen kleinen Umtrunk zu organisieren, zu dem Kollegen und auch Vorgesetzte kommen können. Hier zahlt dann jeder seine Zeche selbst, denn von Auszubildenden wird keine Einladung erwartet.

> Wenn Sie selbst Ihren Geburtstag und Ihre Dienst- und Arbeitsjubiläen feiern wollen, tun Sie das am besten in der Freizeit. Laden Sie sich als Gastgeber dazu die Gäste ein, die Sie dabeihaben wollen. Wenn allerdings die Belegschaft eine kleine Überraschungsfeier für einen langjährigen Mitarbeiter plant, wird dies in der Mittagspause oder nach Dienstschluss in den Geschäftsräumen stattfinden.

Die Weihnachtsfeier

So verschieden wie die Menschen sind, so unterschiedlich ist die persönliche Einstellung von Mitarbeitern zu Weihnachtsfeiern in der Firma. Während die einen bereits mit den Hufen scharren und sich riesig auf das Fest freuen, bereitet den anderen allein der Gedanke daran ein mulmiges Gefühl. Sie würden am liebsten gar nicht erst hingehen. Doch eines steht fest: Der Arbeitgeber veranstaltet solche Events nicht, um die Stimmung im Unternehmen zu strapazieren, sondern um sie zu verbessern. Das lässt er sich auch Einiges kosten. Nicht zu erscheinen, ist daher keine Option. Oberstes Gebot ist deshalb, zuzusagen und an der Feier teilzunehmen.

- Passen Sie Ihre Kleidung dem Ambiente und dem Charakter der Location an. Sich ein wenig in Schale zu werfen, schadet bei einer Weihnachtsfeier nicht. Wenn Sie direkt aus dem Büro zur Feier gehen, dann nehmen Sie sich am besten festliche Accessoires zur Arbeit mit, wie z. B. Schmuck, höhere Schuhe, Clutch und Make-up bzw. Jackett, eine gedeckte unifarbene Krawatte und Lederschuhe. Schmeißen Sie sich, bevor es losgeht, in Schale.

- Während der Eröffnungsrede und anderen Reden wird nicht getrunken.
- Ein gesetztes Dinner wird immer seltener veranstaltet, weil es den Leuten keinen Spaß macht, so lange an einem Platz mit den gleichen Sitznachbarn zu sitzen. Büfetts in lockerer Umgebung mit vielen verschiedenen, kommunikativen Möglichkeiten ins Gespräch zu kommen sind angesagt. Lounge mit Sofas und Sessel, Stehtische, Sideboards, Zweiertische, Nischen, Terrasse mit schöner Aussicht – all das ist förderlich für viel Bewegung auf der Feier. Längst sind Büfetts auch nicht mehr eine lange Tafel, sondern sie bestehen aus vielen Stützpunkten mit je einem Thema und Gang.
- Der Gastgeber, in einem Unternehmen ist das der Geschäftsführer, Vorstand oder auch der Inhaber, eröffnet das Büfett und nimmt sich als Erster, um die anderen ebenfalls dazu zu animieren.
- Je öfter Sie zum Büfett gehen, desto besser. Häufen Sie sich den Teller niemals zu voll, sondern probieren Sie da und kosten Sie dort ein wenig. Wenn Ihnen etwas schmeckt, holen Sie sich davon ein bisschen mehr. Sie nehmen sich jedes Mal einen sauberen Teller und neues Besteck. Zwei verschiedene Gänge gehören nicht auf einen Teller.

- Um einen klaren Kopf zu behalten, sollten Sie wissen, wie viel Alkohol Sie vertragen, damit Sie rechtzeitig den Konsum reduzieren können. Lassen Sie sich nicht von Kollegen »abfüllen«.
- Hitzköpfen rate ich, sich zusammenzureißen. Vor allem unter Alkoholeinfluss kann man sich sogar wegen eines Bundesligaabstiegs um Kopf und Kragen reden.
- Halten Sie sich an Small Talk. Führen Sie keine Gehalts- oder Beförderungsgespräche.
- Biedern Sie sich nicht an, vor allem nicht bei den Führungskräften. Versuchen Sie nicht, krampfhaft mit dem Chef ins Gespräch zu kommen. Falls er Ihre Nähe sucht, gilt die Devise: Reden ist Silber, Zuhören ist Gold.
- Ziehen Sie über nichts und niemanden her. Treten Sie denen, die das tun, grundsätzlich mit positiven Argumenten entgegen und wechseln Sie ganz offensichtlich das Thema. Sogar für konstruktive Kritik sind Feiern nicht das richtige Forum.
- Versuchen Sie, wenn es der Ort und die Anordnung der Tische und Stühle erlauben, neue Kollegen kennenzulernen, indem Sie immer mal wieder den Platz wechseln.
- Weihnachtsfeiern sollten nicht zum Anlass genommen werden, jemandem das Du anzubieten. Tun Sie das lieber unter vier Augen, im Normalbetrieb und vor allem nüchtern. Falls Ihnen Ihr Chef an einem solchen Abend das Du anträgt, verhalten Sie sich am nächsten Morgen neutral. Wenn er Sie

dann immer noch duzt, können Sie sich sicher sein, dass er sich an sein Angebot auch wirklich erinnert.

- Zeigen Sie, dass Sie Spaß haben. Tun Sie es aber mit Klasse und Stil. Vor allem bei einer Weihnachtsfeier steht jeder unter Beobachtung.
- Bedanken Sie sich bei Ihrem Chef möglichst bereits bei der Verabschiedung für die Feier. Gehen Sie nicht als Erster und auch nicht als Letzter.
- Erscheinen Sie unter allen Umständen am nächsten Tag zur Arbeit, so wie sonst auch, ohne Verspätung.

Sympathisch unterwegs

Je fremder die Umgebung, desto unsicherer fühlen wir uns. Im Berufsleben bewegen wir uns oft auf unbekanntem Terrain, so z. B. wenn wir Kunden besuchen. Doch glücklicherweise gelten gesellschaftliche Normen überall. Wer sie kennt, kann souveräner agieren, wenn er mit Neuem konfrontiert wird.

In diesem Kapitel erfahren Sie u. a.,

- wie Sie bei Auswärtsterminen eine gute Figur machen,
- warum Visitenkarten kein Schnee von gestern sind.

Sicher auf fremdem Terrain: Auswärtstermine

Auswärtstermine bei Geschäftspartnern sind eine Herausforderung. Sie finden meist in unbekannter Umgebung mit Fremden statt. Kurz: Man weiß nicht so recht, was auf einen zukommt. Je souveräner Sie sich auf gesellschaftlichem Parkett bewegen können, desto sicherer werden Sie sich bei solchen externen Terminen fühlen.

BEISPIEL

Dr. Maier hat einen Termin bei seinem neuen Zulieferer. Er möchte dort den Preis nachverhandeln und das Produkt an einen Kunden aus Japan anpassen. Zur technischen Unterstützung nimmt er Thomas Müller mit. Dieser war noch nie zuvor außer Haus tätig, geschweige denn auf Geschäftsreise.

Die Vorbereitung

Je besser Sie auf den Termin vorbereitet sind, desto leichter wird Ihnen Ihr Auftritt dort fallen.

Informieren Sie sich vorher bei erfahrenen Kollegen und im Internet über das Unternehmen, das Sie besuchen. Ist es konservativ, innovativ, bodenständig, traditionsbewusst, ein modernes junges Start-up oder familiengeführt? Passen Sie Ihre Garderobe daran an.

Kleiden Sie sich bei Auswärtsterminen einen Tick besser, als die Mitarbeiter es dort tun. Dies ist ein Zeichen von Respekt dem anderen gegenüber.

Erkunden Sie z. B. per Google Map die Anfahrts- und die Parkmöglichkeiten vor Ort. So schließen Sie aus, dass Sie zu spät kommen. Professionell organisierte Unternehmen informieren Sie nach der ersten Terminabsprache von sich aus über Anfahrts- und Parkmöglichkeiten, über absehbare Wartezeiten am Empfang oder weite Fußwege auf dem Werksgelände.

Rechnen Sie damit, dass Sie aus Schutz vor Werksspionage Ihr Smartphone am Empfang abgeben müssen. Damit Sie erreichbar bleiben, sind unter Umständen Mobiltelefone ohne Foto- oder Mikrofonfunktion erlaubt.

Die Ankunft im Unternehmen

Wenn Sie auf dem Parkplatz ankommen, sollten Sie dort anwesende Personen grüßen, auch aus der Ferne. Dies ist eine alte Knigge-Regel, die nach wie vor gilt. Damit signalisieren Sie, dass Sie in friedlicher Absicht kommen.

Treffen Sie am Empfang nicht auf die Minute pünktlich, sondern 5 Minuten früher ein, damit das Treffen zur festgelegten Zeit beginnen kann. Melden Sie sich dort mit Ihrer Visitenkarte an. Grüßen Sie zuerst, zunächst mit »Guten Tag«. Später können Sie sich der im Unternehmen üblichen Begrüßung anpassen.

Warten Sie auf Ihren Termin am besten stehend, nicht sitzend, sonst wirken Sie müde, unmotiviert oder so, als hätten Sie alle Zeit der Welt. Lesen Sie währenddessen nicht Ihre Nachrichten, schreiben Sie keine E-Mails und führen Sie keine Telefonate. Sehen Sie sich lieber die Prospekte und Vitrinen an. So signalisieren Sie: Ich beschäftige mich jetzt schon intensiv mit dem Geschäftspartner.

Auf dem Weg zum Besprechungsraum

In der Regel werden Sie abgeholt, um zum Besprechungsraum geleitet zu werden. Sind Sie zu zweit angereist, steht der in der Position Höhere immer rechts, so dass er auch als solcher erkannt und zuerst begrüßt wird.

Der in der Position Höchste geht rechts neben der Person, die die Gruppe führt. Seine Mitarbeiter gehen rechts neben ihrem Chef. Falls das der Platz nicht zulässt, gehen sie hinter ihm. Den Gästen werden die Türen aufgehalten. Der Ranghöchste geht zuerst hindurch und wartet rechts neben der Tür, bis es weitergeht. In der Regel wird die Tür nur für den Nächstfolgenden aufgehalten und nicht für mehr als drei Personen. Der Türhalter verpasst sonst den Anschluss und der Pulk hinter Tür würde zu groß.

Die Mitarbeiter des Unternehmens werden Ihre Begleitung und Sie im Vorbeigehen grüßen. Grüßen Sie mindestens durch Nicken zurück.

Auf schmalen Treppen hinauf geht der Höhergestellte voran. Bei der Treppe hinunter ist es genau umgekehrt. Wenn Sie nebeneinander gehen können, bekommt der Höherrangige die Seite mit dem Handlauf. Durch Gänge, Hallen und auf Plätzen hält man sich wie im Straßenverkehr jeweils auf der rechten Seite. In England ist es umgekehrt.

Den Fahrstuhl betritt der Gast mit der höchsten Position zuerst, dann folgen die anderen Gäste und zuletzt die Begleitung. Die Gäste stellen sich nicht vor das Schaltpult, denn das bedient der Hausinterne.

Die Regel, dass im Fahrstuhl nicht wesentlich gesprochen wird, gilt nach wir vor. Es wird lediglich gegrüßt und mit Gästen, wenn überhaupt, nur belanglos geplaudert. Auch im Fahrstuhl gilt die Regel: Diskretion in öffentlichen Bereichen. Erst im Besprechungsraum wird über Geschäftliches gesprochen.

Im Besprechungsraum

- Betreten Sie den Raum selbstbewusst und umsichtig. Bleiben Sie an der Tür kurz stehen, sehen Sie sich um und lächeln Sie, wenn bereits Personen anwesend sind.
- Halten Sie sich an die Begrüßungs- und Vorstellungsrituale (siehe hierzu das Kap. »Die Begrüßung«).
- Sich gegenseitig zur Hand zu gehen, z. B. anderen den Mantel abzunehmen und aufzuhängen, einen Stuhl für Höhergestell-

te oder Kunden zurechtzurücken, sich gegenseitig ein- oder nachzuschenken, schafft Vertrauen und gehört zur Warming-up-Phase. Lehnen Sie hilfsbereite Gesten von anderen nicht ab, wenn Sie vertrauensvoll wirken möchten.

- Bei freier Platzwahl gelten die Regeln wie im Restaurant (siehe hierzu das gleichnamige Kapitel).
- Legen Sie Ihre Tasche oder Unterlagen erst ab, wenn feststeht, wo Sie sitzen werden.
- Fragen Sie nach, wenn Ihnen etwas unklar ist, das ist ein Zeichen von Souveränität.
- In den Pausen gelten die Stehempfangsregeln (siehe hierzu das Kap. »Stehempfänge«).

Visitenkarten: kein Schnee von gestern

Nach wie vor spielen Visitenkarten eine große Rolle im Geschäftsleben, wenn es darum geht, anderen schnell und unverbindlich seine Kontaktdaten zukommen zu lassen, so z.B. bei Meetings, Messen, Tagungen, am Empfang in Unternehmen, auf Stehempfängen oder in Hotels. Sie transportieren auf einen Blick ein bestimmtes Image des Überreichenden. Gibt Ihnen ein bislang Unbekannter sein Kärtchen, wissen Sie schon einmal seinen Namen und das Unternehmen, für das er arbeitet, und – was noch viel wichtiger ist – Sie sehen, mit wem Sie es zu tun haben. Denn die Position steht unter oder neben dem Namen.

Titel werden nicht immer auf Visitenkarten geführt; das hängt von der Firmenphilosophie ab.

> Haben Sie eine Visitenkarte überreicht bekommen, dürfen Sie die Daten darauf nicht einfach an Dritte weitergeben. Sie sollten Ihren Kontakt dazu erst einmal um Erlaubnis fragen.

Immer einsatz- und griffbereit

Achten Sie darauf, dass Sie Ihre Visitenkarten sauber aufbewahren und in ausreichender Menge mitführen. Ihre Kontaktdaten darauf sollten aktuell sein. Es wirkt nicht sehr professionell, wenn die Telefonnummer handschriftlich ausgebessert ist.

Sind Sie oft im Ausland unterwegs, sollten Sie eine Seite in der jeweiligen Landessprache und die Rückseite in Englisch fassen lassen.

Zum Aufbewahren für unterwegs eignen sich ein Etui oder die Brusttasche Ihres Jacketts, vorausgesetzt, Sie tragen kein Einstecktuch, spezielle Fächer in Ihrer Laptop- oder Aktentasche, aber niemals Ihr Geldbeutel, vor allem dann nicht, wenn Sie ihn in der Gesäßtasche aufbewahren. Frauen rate ich, ein paar Visitenkarten in der Seitentasche rechts unten am Blazer griffbereit zu tragen und den Nachschub in einem Etui in der Laptop- oder Handtasche.

Wie wird eine Visitenkarte überreicht?

Visitenkarten werden mit der rechten Hand zur rechten Hand übereicht. Sie werden nicht über den Tisch geschoben oder gar geworfen oder kommentarlos liegengelassen. Achten Sie darauf, dass Sie beim Überreichen des Kärtchens die Schrift nicht verdecken. Geben Sie Ihrem Gegenüber die Karte so, dass er sie nicht drehen muss, um sie zu lesen.

Auf das Timing kommt es an

Wann der richtige Zeitpunkt gekommen ist, eine Visitenkarte zu überreichen, hängt von der jeweiligen Situation ab.

Situation	Prozedere
Am Empfang in Unternehmen, im Hotel, falls Sie nicht online gebucht haben, und am Messestand	Überreichen Sie Ihre Visitenkarte, nachdem Sie sich vorgestellt haben. Dann kann man Sie korrekt ankündigen bzw. die Hotelrechnung fehlerfrei ausstellen. Übrigens: Zurückgeben darf man Ihnen in solchen Fällen nach Knigge das Kärtchen auf keinen Fall. Wenn der Mitarbeiter es doch tut, maßregeln sie ihn nicht. Nehmen Sie die Karte zurück und denken Sie sich Ihren Teil.
Beim Erstkontakt	Überreichen Sie die Visitenkarte noch vor dem Meeting, nach dem Vorstellen und Handshake im Stehen. Legen Sie während des Meetings die Visitenkarten derer, die sie noch nicht kennen, entsprechend der Sitzordnung vor sich auf den Tisch. So können Sie sich die Personen besser einprägen und sie mit Namen ansprechen.
Beim Geschäftsessen	Das Kärtchen wird erst nach dem Dessert überreicht, kurz vor der Verabschiedung noch im Sitzen.

Situation	Prozedere
Stehempfänge, Get Together, nach einem interessanten Gespräch	Drängen Sie dem anderen Ihre Karte nicht auf, sondern fragen Sie ihn, ob er eine Visitenkarte für Sie hat. Daraufhin werden Sie sicherlich auch nach Ihrer Karte gefragt.

Loben Sie nie das Design einer Karte; das wirkt nicht sehr professionell. Plaudern Sie lieber über Position, Unternehmen, Titel oder Standort des anderen.

Wohin mit den Karten?

Verstauen Sie angenommene Karten sorgsam, am besten bei Ihren eigenen, um dem anderen zu zeigen: »Ihre Karte ist bei mir in besten Händen. Ich freue mich, Sie kennengelernt zu haben.« Fremde Kärtchen mit Notizen zu versehen, sie zu rollen oder zu knicken, wird als äußerst respektlos gewertet.

Geben Sie eine Visitenkarte niemals wieder zurück.

Der Benimm-Check: Testen Sie Ihr Knigge-Wissen

Kreuzen Sie die aus Ihrer Sicht richtige Antwort bzw. die richtigen Antwortmöglichkeiten an. Am Ende des Tests finden Sie die Auflösung.

Benimm-Check	
1. Wer grüßt zuerst?	
A Der Jüngere bei gleichem Geschlecht.	
B Der Ältere oder die Frau.	
C Der, der einen Raum betritt.	
2. Wie grüßen Sie Höhergestellte?	
A Kurz und knapp mit »Hallo«; alles andere wäre übertrieben.	
B »Guten Tag« mit Anrede, Titel, falls vorhanden, und Nachname.	
C »Guten Morgen« nur bis 9.00 Uhr mit Anrede, Titel, falls vorhanden, und Nachnamen.	
3. Wer bietet im Geschäftsleben den Handschlag an?	
A Der Ranghöhere, also der Chef, bzw. die Kunden.	
B Der Gastgeber.	
C Der Jüngere, aber nicht die Frau.	
4. Welche Distanzzone sollten Sie während eines Gesprächs nicht unterschreiten?	
A 120 cm	
B 60 cm	
C 30 cm	
5. Wer darf den anderen im Gespräch unterbrechen?	
A Niemand.	
B Der Chef.	
C Der Ältere.	

Benimm-Check	
6. Wann nehmen Sie einen eingehenden Anruf an?	
A So schnell es geht.	
B Nach dem 5. Klingelton.	
C Zwischen dem 2. und 3. Klingelton.	
7. Welche Themen sind beim Small Talk erlaubt?	
A Die Bundesliga-Ergebnisse.	
B Die Hobbys der Freundin.	
C Das bevorstehende Rockkonzert, für das Sie Karten haben.	
8. Wann darf man das Sakko ausziehen?	
A Nachdem der Chef sein Sakko abgelegt hat.	
B Jederzeit, aber nur, wenn es warm ist.	
C Nur, wenn Sie allein sind.	
9. Wer bietet, wenn überhaupt, das Du an?	
A Die Auszubildenden am ersten Arbeitstag.	
B Der Dienstältere, auch wenn er jünger ist.	
C Der Ranghöhere und der Kunde.	
10. Wer betritt zuerst den Fahrstuhl?	
A Der Kunde.	
B Der Chef.	
C Der, der den Fahrstuhl angefordert hat.	
11. Wann erscheinen Sie zu einem Meeting?	
A Fünf Minuten vor Beginn.	
B 10 bis 15 Minuten vor Beginn, wenn externe Personen anwesend sind.	
C Eine Minute vor Beginn.	
12. Was tun Sie in einer Meeting-Pause?	
A Erst zur Toilette gehen, dann Trinken und Essen nehmen und ab damit in die Rauchpause.	

Benimm-Check	
B Erst zur Toilette, danach beantworte ich die zwischenzeitlich eingegangenen E-Mails und Anrufe.	
C Ich nehme mir etwas zu trinken und zu essen und unterhalte mich mit den mir noch nicht bekannten Personen. Rechtzeitig vor Pausenende gehe ich zur Toilette.	
13. Innerhalb welches Zeitraumes sollte man auf E-Mails reagieren?	
A Innerhalb von drei Stunden zu den Geschäftszeiten.	
B Innerhalb von 24 Stunden an Werktagen.	
C Nach 30 Minuten, aber nicht zwischen 18.00 und 08.00 Uhr.	
14. Welche Farbe und DEN-Zahl der Strümpfe sind für Damen beim Business Wear erlaubt?	
A Hautfarben, mindestens 20 DEN.	
B Nur schwarz, beige oder braun, mindestens 15 DEN.	
C Alle dunklen Farben ohne bestimmte DEN-Zahl, jedoch nicht gemustert.	
15. Welche Anzugfarbe ist für Männer beim Business Wear erlaubt?	
A Schwarz, blau, grau und braun.	
B Grau.	
C Marineblau, schwarz, grau, beige.	
16. Was tun Sie, wenn auf einer Einladung ein Dresscode angegeben ist?	
A Das ist nur eine Empfehlung, die älteren Herrschaften wollen immer genaue Angaben, um nicht nachfragen zu müssen. Ich selbst trage das, worauf ich Lust habe.	
B Der Dresscode ist ein wichtiger Teil der Veranstaltung, um dem Ganzen den richtigen Rahmen zu geben. Wenn mir der Dresscode nicht ganz geläufig ist, mache ich mich vorher schlau, lege mir zur Not noch etwas Neues zu und halte mich an die Wünsche des Gastgebers.	
C Bei jungen Leuten drückt man ein Auge zu; ich komme, wie ich gerade gekleidet bin.	

Benimm-Check	
17. Welchen Eindruck erweckt jemand, der seine Hände in den Hosentaschen hat?	
A Lässig, cool, dynamisch, jung.	
B Unsicher, verlegen, verbirgt etwas.	
C Ungehobelt, untätig, faul, arrogant, selbstherrlich.	
18. Wer beginnt als Erster mit dem Essen?	
A Der Ranghöchste.	
B Der Gastgeber.	
C Alle gleichzeitig, sobald alle Essen auf dem Tisch stehen.	
19. Wer wünscht »Guten Appetit«?	
A Der Koch oder die Köchin.	
B Der Gastgeber.	
C Der Service.	
20. Sie bekommen eine Einladung zu einem lockeren Stehempfang. Was tun Sie?	
A Ich prüfe, ob ich kommen kann, und sage zeitnah zu oder ab.	
B Ich nehme natürlich teil und bringe spontan noch meine schüchterne Freundin mit.	
C Ich sage rechtzeitig ab, wenn ich stark erkältet bin.	
21. Woran erkennen Sie, wer die höhergestellte Person ist?	
A Der oder diejenige ist meist älter und teurer gekleidet.	
B Der oder diejenige geht und steht rechts von der hierarchisch unter ihm stehenden Person.	
C Der oder diejenige betritt, zumindest in Mitteleuropa, zuerst den Raum.	

Benimm-Check	
22. Wie tauscht man stilvoll Visitenkarten aus?	
A Ich lege dem anderen meine Visitenkarte vor ihm auf den Tisch.	
B Visitenkarten werden überreicht, und zwar von der rechten Hand in die rechte Hand.	
C Man lässt seine Visitenkarte auf dem Tisch liegen.	
23. Welche Getränke werden zu einem Einstand angeboten?	
A Mineralwasser, Softgetränke, Kaffee und Tee.	
B Mineralwasser und Sekt.	
C Mineralwasser und Softgetränke oder Kaffee und Tee – je nachdem, was zum Essen angeboten wird.	

Die Auflösung lautet: 1 C, 2 BC, 3 AB, 4 B, 5 A, 6 C, 7 ABC, 8 A, 9 BC, 10 AB, 11 AB, 12 C, 13 B, 14 A, 15 B, 16 B, 17 BC, 18 B, 19 AC, 20 AC, 21 BC, 22 B, 23 A

Stichwortverzeichnis

Impressum

Bibliografische Information der Deutschen Nationalbibliothek
Die Deutsche Nationalbibliothek verzeichnet diese Publikation in der Deutschen Nationalbibliografie; detaillierte bibliografische Daten sind im Internet über http://www.dnb.dnb.de abrufbar.

Print: ISBN: 978-3-648-10006-6 Bestell-Nr.: 10742-0001
ePub: ISBN: 978-3-648-10008-0 Bestell-Nr.: 10742-0100
ePDF: ISBN: 978-3-648-10009-7 Bestell-Nr.: 10742-0150

Vera Reich
Knigge für Berufseinsteiger, Hochschulabsolventen und Azubis
1. Auflage 2017

Redaktionsanschrift: Fraunhoferstraße 5, 82152 Planegg/München
Internet: www.haufe.de
E-Mail: online@haufe.de
Redaktion: Jürgen Fischer

Konzeption, Realisation und Lektorat: Nicole Jähnichen, www.textundwerk.de
Umschlag: Kienle gestaltet, Stuttgart
Umschlagentwurf: RED GmbH, Krailling
Satz: Reemers Publishing Services GmbH, Krefeld
Druck: Beltz Bad Langensalza GmbH, Bad Langensalza

Die Autorin

Vera Reich

ist seit 2003 Business-Knigge-Trainerin. Sie arbeitet für namhafte Unternehmen im deutschsprachigem Raum in Form von maßgeschneiderten interaktiven Seminaren, Workshops oder sie hält Impulsvorträge. Regelmäßig bietet sie auch offene Tagesseminare in den Metropolen Deutschlands an. Ihre Schwerpunkte sind neben den Business-Knigge-Themen auch wertschätzende Kommunikation und Körpersprache.

Mehr über die Autorin unter www.knigge-reich.de.

Weitere Literatur

»Lampenfieber und Prüfungsangst besiegen«, von Jörg Abromeit, 128 Seiten, EUR 6,95, ISBN 978-3-648-05656-1, Bestell-Nr.: 10700

»Überzeugungskraft – Wie Sie Menschen begeistern und bewegen«, von Peter Gerst, 128 Seiten, EUR 7,95, ISBN 978-3-648-09409-9, Bestell-Nr.: 10729

»Erfolg im neuen Job – Strategien für die ersten 100 Tage«, von Heike Dietzel und Walter Feichtner, 240 Seiten, EUR 9,95, ISBN 978-3-648-08072-6, Bestell-Nr.: 10716